会展建筑历史与场馆设计

张鸽娟　雷　暘　编著

中国建筑工业出版社

图书在版编目（CIP）数据

会展建筑历史与场馆设计／张鸽娟，雷晹编著. —北京：中国建筑工业出版社，2019.8
ISBN 978-7-112-24047-0

Ⅰ．①会… Ⅱ．①张… ②雷… Ⅲ．①展览馆-建筑设计 Ⅳ.①TU242.5

中国版本图书馆CIP数据核字（2019）第158143号

责任编辑：费海玲　张幼平
责任校对：张　颖

会展建筑历史与场馆设计

张鸽娟　雷　晹　编著

*

中国建筑工业出版社出版、发行（北京海淀三里河路9号）

各地新华书店、建筑书店经销

北京点击世代文化传媒有限公司制版

天津翔远印刷有限公司印刷

*

开本：787×1092毫米　1/16　印张：16¼　字数：283千字

2019年10月第一版　2019年10月第一次印刷

定价：65.00元

ISBN 978-7-112-24047-0

　　　　（34519）

目 录

第一章

会展建筑概述

第一节　会展与会展活动

　　会展是会议、展览（Exhibition, Trade Show, Exposition, Trade Fair 或 Trade Events 等）、大型活动等集体性的商业或非商业活动的简称。其概念内涵是指在一定地域空间，许多人聚集在一起形成的、定期或不定期、制度或非制度的、传递和交流信息的群众性社会活动；外延包括各种类型的博览会、展销活动、大中小型会议、文化活动、节庆活动等。会议、展览会、博览会、交易会、展销会、展示会等都是会展的基本形式。

　　世界博览会即"世博会"，是为最典型的会展活动。世博会是世界性的、非贸易性、较大规模、能代表参展国家或企业最先进产品的展示、技术和文化交流的活动。1928 年，世博会的国际组织——国际展览局（Bureau of International Exhibition, 简称 BIE）成立，从此举办世博会必须由主办国申请，经国际展览局同意。世博会的宗旨是促进各国经济、文化、科学技术的交流与发展，使每个参展国充分宣传、展示本国在各个领域取得的成就，扩大国际交往，显示国际地位和经济实力。自 1851 年英国伦敦首届世博会举办以来，到目前为止世界各国先后举办了 70 多次各类世博会。

　　在当代，展览会举办期间，展览活动常常与相关主题的专题研讨会、信息交流会、产品发布会、贸易洽谈会融合在一起，这些会议具有促进贸易交易和加强信息交流的作用，它们同展览活动密不可分，同时举办，因此当代意义上的"会展活动"是展览会及其会议活动的统称。

第二节　会展建筑

　　会展建筑是伴随会展行业的发展而形成的，是会议、展览建筑的统称，这种统称不刻意强调两者的区别。会展建筑中展览设施和会议设施并存，是由展览设施和一定规模的会议设施共同组成的建筑综合体。

　　以展览功能为主的展览馆建筑，是专供陈列品临时性展出，以便人们参观的一类公共建筑，在建筑内部空间安排上除展览设施以外，也辅有少量的会议用房以及餐饮、商务等配套设施；一些现代化会议中心，由于会议活动需要辅以相应的展示活动来强化会议的宣传交流效果，也将少量展览设施纳入其发展体系。上述两类建筑都可归入会展建筑。

据上所述，可将会展建筑定义为：用于举办各类常设或临时性质的展览与会议活动，并且以租赁场馆给展览、会议活动主办机构为经营目的的永久性建筑物。就功能而言，会展建筑是一种建筑综合体，既包括展览、会议等核心空间，又有诸如餐饮、商业、办公、设备、仓库之类的配套性和辅助性功能用房。

第三节　会展建筑发展历史时期的划分

展览场馆及会展建筑的演变与展览业、会展业及其活动的发展有着密切的关联，同时受当时所处时代和地域的建筑设计思想、建筑营造技术的影响。由于本书所述会展建筑的概念涵盖了与展览会有关的展览建筑以及伴随会展行业发展而形成的当代会展建筑，因此对于会展建筑的发展历史时期，结合展览会的发展以及建筑历史的发展分期进行划分。

展览的起源，可追溯至原始社会和奴隶社会，当时出现了具有展览形态的原始活动，如悬挂图腾、物物交换等，这是展览的萌芽时期。到了封建社会，由于展示手段开始丰富，展示规模不断扩大（如庙会、祭祀展览等），展览便走向壮大时期。到了资本主义社会（在中国是到了半殖民地半封建社会），资本主义经济开始形成，刺激着各种宣传媒介和信息事业，展览也逐步走向多样化，功能日益扩大，这便是展览的成长时期。

展览会的溯源和正式形成的时间是中世纪；真正的样品展示会的形成，以及真正的展览馆建筑的形成则是在工业革命以后；展览业发展为会展业，在展馆中会议设施比例增加的会展建筑则形成于 20 世纪 90 年代。因此结合世界建筑史的历史时期划分，将会展建筑发展的几个主要历史时期划分如下：

古代雏形期：中世纪时期，即公元 4 世纪～ 14 世纪。

近代发展期：包括工业革命时期（18 世纪 60 年代～ 19 世纪中期）、19世纪中后期、19 世纪末～ 20 世纪初。

现代发展期：包括两次世界大战期间的时期（1919 ～ 1939 年）以及"二

战"后经济恢复期（20世纪40～50年代）、"二战"后经济发展期（20世纪50～70年代）、建筑多元化发展时期（20世纪70～80年代）。

当代转变期：20世纪90年代至今。

由于近现代时期的会展建筑以世博会及世博会建筑的发展最能体现各时期的建筑发展概况，因而近现代时期的世博会及其建筑是该时期会展建筑介绍的主要内容。

第二章

古代时期的集市及展览会建筑

展览是随着社会的经济、政治、文化的进步而产生的，是围绕着人们物质和精神两个方面的需要而形成和发展完善的。关于展览的起源，"市集演变"说认为：贸易性的展览无论在中国还是外国，都由市集演变而来。从原始社会的物物交换到具有明显规律性的集市是展览发展历史上的一大飞跃。

封建社会时期，随着生产力的发展，街市和庆会日渐频繁，尤其是庙会和集市，不仅定期举行，还伴有文艺表演（如歌舞、杂耍、戏剧等）。随着货币的发展和流通，这种贸易展览也由物物交换上升到货币结算，使展览起了质的变化，形成了古代展览的雏形。

大规模的展览贸易活动始于 11 ~ 12 世纪。由于产品的交易带动了资本的交易，展览贸易带动了资本流通。中世纪晚期，欧洲已形成发达的展览贸易网，由过去单一地区举行展览贸易发展到由更多城市季节性地承办。

第一节　古代集市的发展

一、中国古代集市

在中国古代，神农氏时期便已产生了类似内容的记载。《易系·辞下》："旧中为市，致天下之民，聚天下之货，交易而退，各得其所，盖取诸《噬磕》。"具有商业性质的集市最早出现在中国古代的奴隶社会，两千多年前，《吕氏春秋·勿耕》便有"祝融作市"的记载：楚族始祖祝融创办了市场，方便民间的商品流通，发展了贸易往来，被称为"市场之祖"。

1. 市

中国古代集市包括市、集、庙会等多种市场交换形式，其中"市"指人们交换产品的场所。到西周时期闾里制形成，开始有了官府控制的市场。闾里制在全城分割出若干封闭的"里"作为居住区，商业与手工业则限制在一些定时开闭的"市"中。统治者们的宫殿和衙署占据全城最有利的地位，并用城墙保

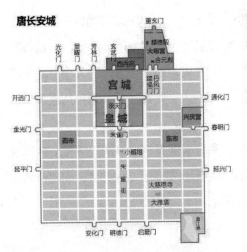

图 2-1　唐代长安城中的"市"（自绘）

图 2-2　宋代《清明上河图》（局部）

护起来。"里"和"市"都环以高墙，设里门与市门，由吏卒和市令管理，全城实行宵禁。在此后的几百年里，市坊制曾一度流行。

在唐代，长安城的商业区主要在东、西两市，就是隋代的"都会市"（东市）和"利人市"（西市）（图 2-1）。它们分别在皇城的东南和西南，位置东西对称。东市和西市是唐长安城的经济活动中心，也是当时全国工商业贸易中心，还是中外各国进行经济交流活动的重要场所。这里商贾云集，邸店林立，物品琳琅满目，贸易极为繁荣。

宋代时期城市商业的发展更为繁荣，城市规划布局也发生了明显的转变，打破了唐代的宵禁制度，开始设夜市。据《清明上河图》描绘，在都城开封，市区街道热闹繁荣，以高大的城楼为中心，两边的屋宇鳞次栉比，有茶坊、酒肆、脚店、肉铺、庙宇、公廨等。商店中有绫罗绸缎、珠宝香料、香火纸马等的专门经营，此外尚有医药门诊、大车修理、看相算命、修面整容，各行各业，应有尽有（图 2-2）。

2. 集

集，即定期买卖货物的市场。古代也叫"集墟"。"集"含"人与物相聚会"之意，到集市买卖称"上集""赶集"；大型的集也叫"会"，如"物资交流大会"。

集大约形成于公元前 11 世纪，它是随着社会分工的深入和经济交流的扩大而发展起来的。中国古代除少数大中城市以外，不少地区盛行名为"草市""亥市"等的定期集市，至今在全国不少省区，特别是在北部和西南部，这种传统的贸易组织形式仍然存在。但各地使用的名称不一，如在北方地区一般通称为"集"，而在南方和西南地区则分别称为"场""街""墟（圩）"等。它们每隔一定日期（如逢单、双日或逢五、逢十），在固定地点或邻近的几个地点轮流举行。其中也有个别地方利用"庙会""骡马大会"等形式，进行一连多日的集市性质的货物交易活动。

与市相比，"集"的地点比较固定，举行时间具有明显的周期性。参加者主要是农民和手工业者，且彼此之间的交易活动实质上是生产者之间的产品流通，这些特点已经构成了展览活动的雏形。

3. 庙会

庙会的形成源于宗教活动的开展。比起乡村的集，庙会的内容更加丰富多彩，除了传统的产品交换外，还包括宗教仪式、文化娱乐等活动。由于庙会起源于寺庙周围，所以叫"庙"；又由于小商小贩们看到烧香拜佛者多，在庙外摆起各式小摊赚钱，渐渐地成为定期活动，所以叫"会"。

早期庙会仅是一种隆重的祭祀活动，随着经济的发展和人们交流的需要，庙会就在保持祭祀活动的同时，逐渐融入集市交易活动。这时的庙会又得名为"庙市"，成为中国市集的一种重要形式。

随着人们需求的增加，又在庙会上增加娱乐性活动，久而久之，庙会演变成了如今人们节日期间，特别是春节期间的娱乐活动，于是过年逛庙会成了人们不可缺少的活动内容。中国各地区庙会的具体内容稍有不同，各具特色。这一历史上遗留下来的市集形式，新中国成立后在有些地区仍被利用，对交流城乡物资，满足人民需要，起到了一定的作用。

二、欧洲古代集市

欧洲古代集市的产生时间比中国稍晚，但它在发展过程中表现出明显的规模性和规范性。欧洲中世纪时，集市常于宗教节庆日在教堂院内举行。在集市上商人将商品销售给消费者，他们彼此会晤沟通，进行商品交易。某种集市往往主要进行某种商品的交易，比如乳酪集市。这一时期的集市具备展览会的一些基本特征，如有固定地点、定期举行等。展览形式松散，规模一般较小，并具有浓厚的农业社会特征，还处于展览的初级阶段。

在中世纪时期，出现了"特许集市"形式的展览贸易，参展者和来访者都能享有一些特权（如税务减免、人身财产保护等），这样可以吸引更多的人来参与展览贸易活动，跨地区的贸易活动促进了地区间经贸活动的发展。

第二节　古代时期的展览会及其建筑

一、欧洲中世纪时期的商品展销会与展览会

中世纪时期欧洲的商品展销会为供给与需求的匹配提供了专门的时间和空间。与集市不同，展销会主要是以商人之间的批发贸易为主，展销会上的商品一般不会出现在常规的集市上。当时许多欧洲城市开始举办每年一次或多次的展销会，人们会长途跋涉参加这种商品展销会。除了进行买卖活动，此类展会也是世俗聚会，展示异域风情和进行其他娱乐活动的场所。

公元710年，法国北部的圣丹尼省举办过大型的展览会，当时参展商多达700余家。公元11～12世纪，罗马帝国统治下的欧洲各国获得了罗马皇室的特许，能够在宗教节日仪式之后举办展会活动，因此展览会成了区域内各国产品交易和资本交易的重要形式，并逐渐形成固定的举办期以及庞大的规模，这使展览活动正式演变为一种行业。

大规模的展览贸易活动始于11～12世纪，当时欧洲形成了发达的展览贸易网，由过去单一地区举行展览贸易发展到由更多城市季节性地承办。公元1240年，德国法兰克福市举办了第一届秋季国际博览会，之后莱比锡市也于1268年获得了每年举办3届展会的特许权，并同法兰克福并驾齐驱成为德国最为知名的展览城市。

12～14世纪，欧洲的展会有了重大的发展。法国巴黎以东的香槟地区，由于处于主要贸易路线中心，每年在一些小镇上会举办6次展会，这些重要活动将邻近国家和若干意大利城市中的商人吸引过来，为面积有限的香槟地区赚取了巨额收入（图2-3）。随着展会数量不断增加，彼此之间竞争激烈，欧洲中部聚集了大量规模巨大的展会活动。

14世纪早期，随着香槟地区展会的衰落，地处欧洲主要贸易路线交叉点的法兰克福展会变得重要起来，1485年该地举办了首次图书展会并取得成功，

图 2-3　香槟地区的展会

图 2-4　莱比锡举办展会的市场

如今图书展仍然是法兰克福最为重要的年度活动。位于欧洲东部地区贸易中心的莱比锡也因其地理位置而获益匪浅，成为举办展览会的重要城市（图 2-4）。1497 年确立了莱比锡展会的皇家地位，附近地区的展会被禁止。

二、欧洲中世纪时期的展览建筑

古代时期，欧洲用于展览交易的建筑多由住宅演化而来，其外观基本为 1~2 层的砖木结构房屋，其中首层作为工作和交易场所，二层则是生活和储存用房。为了方便展出，此一时期展览建筑常常长边朝外，以便获取更多的展出面积。发展到后期，以砖石结构为主的展览馆逐渐普及，这类建筑不仅规模逐步扩大，而且用途也更为专业化。

中世纪时期的展会没有固定的举办场地，一般在城镇边缘或乡下搭建临时展台，展会结束后即拆除。部分城镇在市场中搭建半永久性建筑物用于商品展示，如法国北部法莱斯附近的盖博雷举办的展会，街道与庭院的大片区域排列着许多架子，每片区域分别用于陈列某种特定类型的商品。

随着部分城市开始强化其作为展会举办场地的角色，这些城市逐渐需要具有自身独特风格的永久性建筑。1176 年，巴黎首次举办了圣日耳曼展会，之后在城墙外修道院定期举办展会。展会的场地横跨 20 个街区，每个街区都建有双层建筑，并配有内部庭院，不同的区域分别用于展示各种不同的特殊商品。整片区域被一座方形建筑围合起来，同时有若干个出入口。这些永久性建筑成为可供全年开展贸易活动的场所，而贸易活动也在展会期间达到了顶峰。

中世纪时期还有一种常见的展览及贸易建筑采用的是"巴西利卡"式的

大厅形式。起源于古罗马末年基督教初期教堂形制，长方形的大厅由纵向的几排柱子分为几个长条空间：中央的比较宽，是中厅，两侧的窄一点，是侧廊。中厅比侧廊高很多，可以利用高差在两侧开高窗。这种建筑物容量大，结构简单，便于群众聚会，所以被天主教会选中。而这种大空间的建筑也是中世纪后期举办展览会时采用的建筑形式（图2-5）。

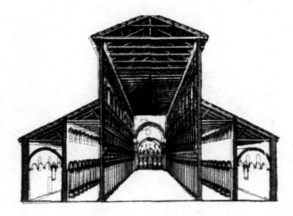

图2-5　巴西利卡大厅

本章图片来源：

图2-3~图2-5　[德]克莱门斯·库施:会展建筑设计与建造手册[M],秉义译，武汉:华中科技大学出版社，2014。

第三章

近代时期的展览会及其建筑

15 世纪末至 16 世纪初，由于"地理大发现"的进展，世界各大洲的经济文化交流密切起来，形成了连接大西洋、太平洋、印度洋的国际市场，国际展览业形成萌芽。

17 世纪英国工业革命和后来的比利时、德国、法国、美国的产业革命，推动世界科技迅猛发展，以货物直接交易为目的的传统展览会已无法适应社会经济发展的需求，这一时期展览会的形态开始脱胎换骨，成为纯样品性质的展示会。随着通信和运输工具的革命性改变，在伦敦、法兰克福、巴黎等城市，贸易集市发展成为较大规模的国际展览会或博览会，即世博会。

第一节　工业革命时期的展览会及其建筑

一、工业革命影响下建筑新材料与新技术的出现

1765 年，珍妮纺纱机的出现标志着工业革命的开始。18 世纪中叶，英国人瓦特改良蒸汽机之后，一系列技术革命引起了从手工劳动向动力机器生产转变的重大飞跃，并传播到英格兰以及整个欧洲大陆。19 世纪工业革命传播到北美地区，随后传播到世界各国。19 世纪中叶，工业革命已经从轻工业扩至重工业，铁产量的大增为建筑的新功能、新技术与新形式准备了条件。在房屋建筑上，铁最初应用于屋顶，出于采光的需要，铁和玻璃两种建筑材料配合应用，在 19 世纪建筑中取得了巨大成就。

工业革命带来的影响也引起了展览业的一系列变革。行业自由化、工业化技术的发展及交通手段的改善使商人们无需在特定的时间、地点提供产品，而只需带样品来参展，拿着订单回去，并通过工业化的生产及时提供交易。于是展贸会的功能开始有所调整，国家间的贸易自由化，使展贸会丧失了它的特权，并逐步有了"展览"功能。

工业革命以后，随着机械化交通工具的蓬勃发展，特别是在铁路交通运输方式被推广之后，展览建筑的选址位置开始向城市边缘转移，通常位于城郊地

区，用地宽松，建筑形式为无中柱、大跨度空间的单层式建筑；与此同时，位于市内的展览馆为了节约用地，大多数都采用了多层式的空间形式。随着钢筋混凝土和钢结构等建筑材料和建筑技术的出现，展览馆空间开始向巨大空间发展，1869 年，世界上第一座真正意义上的展览馆在莱比锡建成。

二、工业革命时期的博览会及展览建筑

由于近代工业经济发展，展示各项经济技术和艺术成就、促进产销、引领生活和消费时尚的需要，推动了各种博览会的产生。在 1851 年以前，欧洲各国已经在举办各种工业博览会，1761 年英国首次举办了只延续两周的工业展览会，获得很大的成功。1828～1845 年，英国也曾经尝试过举办类似博览会的活动。1849 年，英国在伯明翰第一次为展览建造临时的场馆。频频举办的工业博览会使英国萌发了举办世界性博览会的想法。随着社会生产力的提高，科学技术的进步，国际交通的发展，举办世界性展览的条件日益成熟。

位于俄罗斯的下诺夫哥罗德会展中心由于其建造年代较早且规模巨大而在会展建筑史上拥有特殊地位。早在 1817 年，下诺夫哥罗德市对该会展中心进行扩建，通过改造奥卡河的支流打造了一座人工半岛，其上各展厅严格对称布置，沿中轴线排列。展厅数量众多，大小相同，彼此间通过一条条过道形成的规则网格相互连接（图 3-1、图 3-2）。

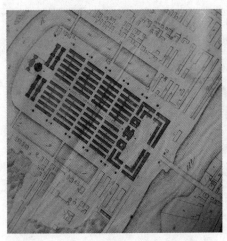

图 3-1　下诺夫哥罗德会展中心总平面

图 3-2　下诺夫哥罗德——奥卡河上的港口

三、工业革命时期的世博会及其建筑

19 世纪中期，博览会上的展品和参展商超出了单一国家的范围，成为世界性的博览会。第一届得到世界公认的世界博览会为 1851 年在英国伦敦举办的万国工业产品博览会，标志着传统的贸易集市向标准的国际展览会与博览会过渡。

在此后 19 世纪连续举办的多届世界博览会上，现代展览建筑的雏形逐步显现。这个时期没有出现现代意义上的会展中心，博览会的临时性和永久性展览建筑成为最早的会展建筑。这些具有开创性的展览建筑都由各国和各地区的著名建筑师设计，采用了当时最先进、最快捷的建筑材料与施工方式，并且深刻地反映出当时追求工业化发展、提倡建筑形式创新以及以功能为主的建筑思潮，各届世博会的建筑也因此成为历史记忆的丰碑。

1. 1851 年伦敦世界博览会及"水晶宫"

1851 年英国伦敦举办的万国工业博览会（英文全称 Great Exhibition of the Works of Industry of all Nations，后世以 Great Exhibition 为特指这一场博览会的专有名词），是全世界第一场世界博览会，在英国首都伦敦的海德公园举行，展期是 1851 年 5 月 1 日至 10 月 11 日。本次博览会历时 5 个多月，受邀参展的国家达到 10 多个，来自欧洲和美洲，展期为 160 天，参观人数达 630 多万人次。博览会上的展品评比、工艺活动等内容丰富多彩，但博览会上不直接进行交易活动，从此形成了以后各国举办世博会的格局。展览的主要内容是世界文化与工业科技。英国借此博览会在当时展现了工业革命后技冠群雄、傲视全球的辉煌成果，因此被视为维多利亚时代最重要的里程碑。

世博会上主要展示了英国工业革命的成绩，此外也介绍了各国先进的工业展品。展示的物品被分为原材料、机械、工业制品和雕塑，显示了工业化时代所关注的核心问题。比较知名的展品有 630 吨大功率蒸汽机、火车头、高速汽轮船、汽压机、起重机，以及先进的炼钢法、隧道、桥梁等大型模型。伦敦世博会意味着世博会的功能从简单的商品交换到新生产技术、新生活理念的交流的重大转变，因此被确认为现代意义上的首届世博会。

博览会选址位于伦敦市中心的海德公园内，展馆由钢铁构架和玻璃幕建成，被称为"水晶宫"。该建筑是历史上第一次以钢铁、玻璃为材料的超大型建筑，不仅开辟了建筑形式的新纪元，开创了近代功能主义建筑的先河，也成就了第一届伟大的世博会。

水晶宫设计人是英国园艺师约瑟夫·帕克斯顿。他曾经率领花园园丁试验以玻璃与钢铁建造巨大温室的可能性，也因此见识到这些建筑材料的强度与耐久力，因此以这项技术和知识申请世界博览会的建筑设计并且创造了惊人的成果。

图3-3　伦敦"水晶宫"外观

"水晶宫"位于海德公园一端。公园的设计风格为19世纪典型的欧洲园林风格，总体格局对称，公园主轴线与"水晶宫"建筑轴线重合，轴线两侧布置着几何图案的喷泉、水池、花园等，喷泉水景形状各异、灵活多变，绿地舒展自然，衬托出"水晶宫"的晶莹飘逸（图3-3）。

建筑平面为矩形，略有凹凸变化。建筑物长度546米（1851英尺），宽124米（408英尺），占地面积约7万平方米（755208平方英尺）。建筑由中部的十字廊道划分成四个大空间，每个空间均采用7.7米（24英尺）见方的柱网。在世博会期间，建筑内部分布着各个参展国家和企业的展区，包括英国展区（包括加拿大、印度等殖民地展区），美国展区，以及中国、瑞士、意大利、法国、澳大利亚、德国、苏联等展区。

建筑中央高高凸起的穹顶为当初用于保护海德公园内的大树而特别设计的，穹顶下方为十字形交叉的拱廊的中心区。拱廊的拱顶高11米（36英尺），廊下空间总高33米（108英尺）。十字拱廊不仅有效地保护了古树，而且从建筑造型上突出了重点部位，增加了室内空间层次感，形成强烈的感染力。

建筑外形为阶梯形长方体，采用熟铁框架玻璃幕墙的形式，充分减轻结构自重，形成无阻隔的大空间，并使光线充分进入建筑内部。建筑各面只显出铁架与玻璃，无多余装饰，表现了工业生产的机械本能。整座建筑只应用了铁、木、玻璃三种材料，采用模数化设计与施工方法，速度快、造价低，仅花了九个月时间装备完成（图3-4）。

"水晶宫"的排水系统处理也十分巧妙。帕克斯顿利用3300根空心钢柱，同时作为平屋顶的排水管；为了解决玻璃表面冷凝水的问题，还设计了总长度34英里的专门水槽。

图 3-4 正在用预制构件组装的"水晶宫"

世博会结束后"水晶宫"被移至伦敦南部的西得汉姆，并以更大的规模重新建造，1854 年 6 月 10 日由维多利亚女王主持向公众开放。

"水晶宫"的意义在于把温室建筑的结构大胆运用于设计，打破了欧洲的传统石砌建筑，建筑结构与形式完美结合，轻质结构形成的开敞空间代替了沉重封闭的空间，钢铁和玻璃建造的围合形成了全新的空间体验。水晶宫的建造促进了 19 世纪中叶建筑技术的发展，成为工业化建筑的先驱，也为以后多届世博会建筑所用。

2. 1853 年的纽约世博会"水晶宫"

19 世纪中叶，美国的迅速发展吸引了世界的目光，当时美国版图成倍扩大，1851～1855 年，美国的黄金产量占全世界的 45%，成为世界上最大的产金国，此时的纽约已经具备了举办世博会的经济基础。1850 年，纽约人口约 52 万，市民来自世界各地，多元文化聚集，世界博览会成为众所期待的文化交流的最直接、最具效率的载体。

1853 年 7 月 14 日，纽约世博会开幕。共有来自 23 个国家的 5272 位参展商，展品总价值达到 500 万美元。艺术品、创新的工业制造品和黄金使水晶宫呈现出金碧辉煌的景象。

世博会场址位于纽约郊区的一座公园（即现在的布赖恩特公园），展馆模仿了伦敦水晶宫的形式（图 3-5、图 3-6）。1854 年 11 月 1 日，世博会闭幕，水晶宫被出租给各种会议和音乐会使用。直到 1857 年 5 月，纽约市政府购买了水晶宫。1857 年 10 月，一场突发的火灾使纽约水晶宫连同现场的展品化为灰烬。

纽约水晶宫的建筑面积仅为伦敦水晶宫的五分之一，建筑平面采用希腊十字（中心对称的等臂十字），十字的各个翼部之间有三角形的连接体。十字交叉处穹顶直径达 30 米，高约 37 米（图 3-4）。展厅里边展出了许多当代著名的国际品牌，如奥的斯（Otis）电梯的首次展示，蒂芙尼（Tiffany）珠宝的银器展出等。机械类展品悉数由美国制造。

图 3-5 纽约"水晶宫"外观　　　　　　　　图 3-6 纽约"水晶宫"穹顶内部

第二节　19 世纪中后期的展览会及其建筑

一、19世纪中后期西方建筑材料与技术的发展以及建筑复古思潮

1870 年以后，科学技术的发展突飞猛进，各种新技术、新发明层出不穷，并被迅速应用于工业生产，大大促进了经济的发展。当时，科学技术的突出发展主要表现在三个方面，即电力的广泛应用、内燃机和新交通工具的创制、新通信手段的发明。

到 19 世纪中期，建筑结构技术与材料发展越来越成熟，钢铁在建筑结构中普遍运用，然而 19 世纪上半叶出现的对新建筑的迫切和普遍的需要，在 19 世纪中叶达到高潮后很快就沉寂下来。其原因是当新建筑的产生几乎万事俱备之时，在建筑艺术风格问题上，当时的设计师及艺术家们认为装饰的变化才是历史上风格变化的主角，要追求新风格，就得创造出新装饰，结构的变化被认为是无足轻重的。因此当时重要的建筑物比历史上其他时期更加陈旧落后、装饰过度，缺乏理性的力量。大多数建筑受当时的古典复兴的影响，模仿古希腊罗马的古典建筑，采用复古主义的立面，以柱式构图、凯旋门、大穹顶等形式追求外观上的雄伟、壮丽，内部则常常汲取东方的各种装饰或洛可可的手法，装饰华美，先进的钢铁结构形式被披上了古典的外衣。

图 3-7　下诺夫哥罗德露天市场钢制圆形大厅

二、19世纪中后期的展览建筑

1896 年，全俄工业艺术展览在下诺夫哥罗德及毗邻地区举办，有近 70 座展会建筑由沙皇尼古拉斯二世资助或委托建造，另外 120 座展厅由私人公司建造。其中下诺夫哥罗德露天市场的展厅采用了钢缆网格制成的屋顶，将巨大屋顶和巨大展览空间的支撑物数量降至最低。展厅中的帐幕式悬吊结构仅由两根中央立柱支撑，每个展厅的一边均可设置若干出入口。展厅的观景塔是世界上第一个单壳曲面体建筑。这些不同寻常的建筑形式完全由结构构件组成，没有装饰物，也没有参考历史性建筑，是当时历史潮流的体现（图 3-7）。

三、19世纪中后期的世博会及其建筑

19 世纪中叶，世界博览会的成功引起了强烈的反响，也导致传统的商品展销会渐渐退居幕后。展览会的性质由从前的集市转变为重要的展示窗口和不同思想的交汇地。这一时期的世博会产生了主题馆,如工业馆、机械馆、艺术馆、农业馆等固有馆类，并逐渐增加了其他展馆类别以及各个国家的国家馆。建筑布局从单一大空间转化为以主展馆为主，其他辅助展馆共同组合的形式。建筑样式以古典样式为主，采用当时先进的钢铁结构。

1.1873年维也纳世博会及"世界第八奇迹"

19 世纪中后期，通过举办世博会来提高国家地位，已被许多国家认同和追逐。1870 年，奥地利政府为将首都维也纳推进到世界先进城市行列，同时也为清除 1866 年普奥战争失败后笼罩在城市上空的阴霾，向世界宣布举办 1873 年维也纳世界博览会。为纪念约瑟夫一世执政 25 周年，将主题定为"文化与教育"。

该届世博会举办时间为 1873 年 5 月 1 日至 10 月 31 日,有 35 个国家参展,是德语国家举办的首届世博会。选址位于多瑙河边，面积达 233 公顷。维也纳市政当局想利用举办世博会的时机，对旧城区建筑实施改造，打通市中心与郊外的联系。多瑙河也在整改范围之列，涉及水道绵延半英里，拓展河道工程

产生的 50 万立方米的砂砾被用于世博会会址。

　　这届展览会的布局突破了以往单栋建筑形式，且开始注重建筑与周围环境的配合。所设置的工业馆、机械馆、农业馆和艺术馆四大展馆成为以后世博会最主要的展馆形式。在建筑外观上则注重建筑的功能与美观结合，强调建筑的整体魅力。

　　主展馆为工业馆，其形式开创了世博会历史中建造大型联体展览建筑物的先例。面积达 7 万平方米，长 907 米，宽 206 米。中央为圆顶大厅，两侧留有宽 25 米的主廊，主廊与长 145 米、宽 15 米的侧廊相交。侧廊之间有多个宽 45 米、长 75 米的庭院，所有建筑均建有屋顶，建筑入口处设计为凯旋门以及各种不同历史风格的大门。

　　主展馆的圆顶大厅顶高 83 米，直径约 110 米，是当时世界上最大的圆顶大厅建筑，被称为世界第八大奇观（图 3-8）。圆形大厅的结构用金属制作，其锥形屋顶由 32 根粗大的柱子支撑，圆顶之上有一个直径为 28 米的穹隆塔顶，再上面是一个直径 7 米的小型穹隆灯塔，最高处是一个奥地利皇冠的巨大复制品，由皇冠珠宝的仿制品装饰。建筑建设周期仅 18 个月，时间之短在当时令人难以置信（图 3-9）。

　　16 个展示厅内的布局根据国家位置而设计展示体系，每个国家的展品都靠着其地理上的邻国，所以只要观赏了不同国家的展品，就可以获知基本的世界地理知识。

　　维也纳世博会结束后，世博会场地被作为城市公园，工业宫部分建筑群成了维也纳玉米交易所，机器厅等被专门划出作为北方铁路货物和谷物储存中心。其后续利用的方式对城市发展的总体功能和空间结构产生了重大影响，从而促进了该地区的城市更新和周围环境的改善。

图 3-8　1873 年维也纳世博会工业馆

图 3-9　工业馆大厅

2.1876年费城世博会——古典复兴的影响

19世纪70年代，美国作为一个经济大国在西半球崛起，其工业化基本实现，煤炭、钢铁、石油等产量逐步超越了英法等国，交通迅速发展，成为世界上经济实力最强大的国家。1876年适逢美国建国百年纪念，美国费城举办了世界博览会。通过博览会，美国要向世界展示一个新兴工业国家的崛起，要向世界宣布：一个美国时代即将到来。本次世博会为一次综合性的世博会，有来自35个国家的3万项展品参展。

会场选址于当时世界最大的市属公园——费尔蒙公园，东临斯古吉尔河，占地115公顷。总平面的布局没有采用历史上的对称式，167栋建筑在公园绿地中自由布置，功能分区并不十分明确。园区中有主展馆、农业馆、机械馆、园艺馆和艺术馆5大展馆，并首次为各国提供建设展馆的场地。机械馆和主展馆体量最大，位于园区南端；其余各主展馆及各国国家馆自成一区。

园区的主要道路系统为几条醒目的斜交道路，小路自由曲折。园中有一块占地2公顷的湖面，湖岸形式为自由曲线，湖面上点缀着喷泉。本届世博会还专门为会场建造了一个火车站，并开设有通往各展馆的有轨电车路线。

本届世博会的建筑，虽然有很多可取之处，但是在建筑式样上却表现出了与时代、建筑空间及建筑材料发展不同步的现象，这是当时建筑风格发展滞后于结构技术和材料发展的体现。建筑空间由于功能需求十分巨大，以钢铁结构为主，但是外观采用了传统的装饰符号，许多建筑立面上用了拱券的形式，立面上的小开间及竖向分割形式未能体现出内部大空间的特点，结构与装饰显得极不合拍。

主展馆为铸铁结构，规模超过了1851年伦敦的水晶宫，建筑材料利用钢铁和玻璃，屋顶由大跨度的铸铁桁架构成，建筑立面由竖向划分的杆件打破横向的单调感，建筑的正门入口处和四个角上都有41米高的方塔架起屋顶，其竖向线条、顶部的小尖塔等体现出哥特风格的特质（图3-10）。

主展馆西侧的机械馆则采用传统的设计手法，以实心砖基座、木结构和大面积的玻璃窗与主展馆相呼应。艺术馆选用花岗石为外部材料，造型为新古典主义风格，顶部中央为一个直径45.72米（150英尺）的大穹顶，立面采用带拱券的窗和柱廊，形成"现代的文艺复兴样式"（图3-11）。

本届世博会建筑的进步之处在于大空间的采用和灵活的空间划分手法，建

图 3-10　1876 年费城世博会主展馆及卸货场地　　　图 3-11　1876 年维也纳世博会机械馆

筑材料主要采用铁结构、玻璃及花岗石，体现出结构与材料技术的发展水平。

3. 1878 年巴黎世博会

1878 年 5 月 20 日至 1878 年 11 月 10 日在巴黎举办的世博会主题是"农业、艺术与工业"。这届世博会共有来自世界各地的 36 个国家参展，世博会的举办向世界昭示了法国摆脱内外战争忧患后的重新崛起。在本届世博会中，共举行了 29 个国际会议，其中包括邮政会议、货币会议、度量衡标准会议以及由著名作家维克多·雨果主持的艺术与文学遗产会议等，内容涉及当时国际社会关注度高的问题及新兴研究领域。

世博会的主展馆是工业官，其中包括机械馆。建筑平面尺寸为 346 米 ×705 米，体量庞大。馆内部分高 25 米，跨度 35 米，中间没有支柱，建筑结构的重力通过建筑的框架传递到基础上，结构设计十分大胆。所有的构件都考虑了标准化，以便日后拆除后可以重复利用。

工业官建筑造型完全采用古典主义风格，外观则采用了铸铁和玻璃材料，使这座建筑带有现代的气息（图 3-12）。为了弥补基地的不平整缺陷，整个展馆下面建造了一个地下室，里面安装了通风管道系统，使巴黎世博会成为第一个采用空调系统的博览会。

这届世博会还建造了以特罗卡特罗宫为主要展馆之一的艺术官，位于塞纳河畔的小山丘上，正对着塞纳河折向西南河湾处的战神广场和著名的军事学院，地理位置十分优越，从这里可以纵览全城。建筑内部功能包括一个 4500 座的音乐厅、会议厅和艺术展厅。与工业官形成对照，特罗卡特罗宫的建筑风格为典型的折衷主义风格，造型仿照古罗马的圆形剧场，以 19 世纪的穹顶覆盖着新式的罗马建筑。还有两座摩尔式的宣礼塔状的高塔，对称地布置在主体建筑

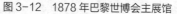

图 3-12 1878 年巴黎世博会主展馆　　　　图 3-13 1878 年巴黎世博会艺术馆

的两侧，从塔上可以俯瞰世博园的全景（图 3-13）。

在建筑技术方面，特罗卡特罗宫全新的发明创造，显示了法国工程师在工程技术方面的才华。整幢建筑安装有 4000 盏电灯照明；工程师把水由塞纳河引至特罗卡特罗山顶，再用特罗卡特罗宫的水塔来操纵液压电梯，以解决垂直交通问题，乘客可以从墙上的仪表上观察电梯升降的速度；工程师们还利用水塔来控制喷水池、水塘和特罗卡特罗水族馆。在盛夏季节，还利用水来降低大楼的室内气温，堪称最早的空调系统。世博会期间，特罗卡特罗宫的音乐厅内每晚都举办音乐会，并举办了国际合唱比赛，成为世博会上最吸引人群的活动场所，许多重要的国际会议也在此举行。

在世博会期间，各参展国的展馆沿着万国大道修建，显示了丰富多彩的建筑风格。

第三节　19 世纪末至 20 世纪初的展览会及其建筑

一、19世纪末至20世纪初的社会背景及建筑探新运动

到 19 世纪末 20 世纪初，西方文化出现了一场以"反传统"为特征的深刻、剧烈、广泛的突变。在世纪转折时期的西方社会，以西欧各国为首，出现了文化方面的大震荡、大转变，形成反传统、破旧立新的一代奇观，其浪潮席卷了文化的方方面面，其中哲学、美术、雕塑和机器美学等方面的变迁对建筑产生了深远的影响。

随着工农业产值不断增长，生产总值成倍增长；城市人口不断增长，城市建设不断发展，各地区之间的经济与文化联系更为密切；随着生产的急骤发展，

技术也在飞速进步。在这一资本主义社会急剧变化的时期，建筑的发展也迅速摆脱了旧技术的限制，摸索更新的材料和结构。钢和钢筋混凝土的广泛应用，促使在建筑形式上开始摒弃古典建筑的"永恒"范例，掀起了创新的运动。欧美各国开始了对新建筑的探求期，目的都是在建筑设计上创时代之新，使功能、技术与艺术有机结合，并满足当代社会的要求。这一时期影响较大的创新运动及流派有艺术与工艺运动、新艺术运动、维也纳学派与分离派、德意志制造联盟等。

二、19世纪末至20世纪初的会展建筑

19世纪末20世纪初，会展中心真正发展为固定的建造实体，包括了可供长期展览的场地和建筑。在一些最为重要的会展建筑中，有一些就是专门为举办世界博览会而修建的，如巴塞罗那会展中心、米兰会展中心和维也纳会展中心；另一些则是采用简单的永久性建筑取代之前的临时建筑。这些建筑最初只用于纯粹商品展示，不提供必须服务，建筑的入口和服务设施数量极少。1901年，莱比锡的新会展中心正式完工；1907年，历史悠久的法兰克福商品展销会由该展会的运营公司再次启动。同年，法兰克福的第一座展厅开始动工，并于1909年完工。这座建筑至今仍然矗立于法兰克福会展中心，并不断被扩建。

这一时期的会展建筑也体现出对于新技术、新功能和新空间的追求，在建筑形式上，体现出创新大胆的设计想法，也有部分建筑仍然采用古典样式。

三、19世纪末至20世纪初的世博会及其建筑

1. 1889年巴黎世博会——工业化的奇迹

1889年，法国举办了巴黎第四届世博会。本次世博会的目的在于纪念法国资产阶级大革命100周年，并展示法国工业技术和文化方面的成就。这次世博会与1851年的伦敦世博会已经相隔38年，在此期间，新材料、新工艺、新设计层出不穷，各种技术更加成熟，工业革命对建筑的影响也在此得到充分的体现。本届世博会创造了举世瞩目的工业化奇迹。

世博会场地位于三月广场，从塞纳河一直延伸到曾经作为展览场地的军校。

图 3-14 1889 年巴黎世博会场地   图 3-15 正在建造的埃菲尔铁塔

场地布置规整、紧凑，被称为是机器文明象征的埃菲尔铁塔和机械馆位于园区主轴线上。机械馆是规模最大的主导建筑，埃菲尔铁塔形成全园的制高点，铁塔的位置正对博览会的入口拱门。主轴两侧对称地布置着外国展区、艺术图书馆等（图 3-14）。

（1）埃菲尔铁塔——土木工程和建筑设计史上的革命

由土木工程师古斯塔夫·埃菲尔设计，当时的主办者要求这座纪念碑式的建筑物必须成为"冶金工业的原创性杰作"。铁塔的设计利用了金属拱和桁架在受力情况下发生的变化，最大限度地发挥了锻铁的性能，设计成镂空结构，铁塔高 300 米，天线高 24 米，总高 324 米（图 3-15）。

整个铁塔由 15000 个锻铁构件和 105 万个铆钉组成，使用的锻铁材料重达 7300 吨。出于工程和美观上的考虑，铁塔的底部为四个半圆形拱，因而要求电梯沿曲线上升。埃菲尔铁塔的玻璃外壳的电梯由美国奥的斯电梯公司设计，是铁塔的亮点之一。

铁塔由装在乳白色玻璃器皿内的 9 万个煤气喷嘴点亮作为照明。第一层平台设有一家酒吧，三家餐馆。第二层平台有《费加罗报》的印刷厂和一间编辑室，在世界博览会期间，每天发行 4 页篇幅的报纸。第三层 276.13 米标高平台有一间电报间对外营业。

铁塔的建成在建筑史上具有重大的意义。铁塔设计新颖独特，是世界建筑史上的技术杰作，因而成为法国和巴黎的一个重要景点和突出标志。这座建筑首次将外露的金属结构用于建筑，费用极少，人工很省，所有的构件都在工厂制作，在现场装配，建造工期历时 21 个半月。

图 3-16　1889 年巴黎世博会机械馆外观　　　图 3-17　1889 年巴黎世博会机械馆室内

（2）机械馆——建筑艺术的巅峰

机械馆是本次博览会上最重要的建筑之一，它运用当时最先进的结构和施工技术，采用钢制三铰拱，跨度达到 115 米，长度达到 420 米，高达 55 米，刷新了世界建筑的纪录，堪称跨度方面的大跃进。这座巨大的建筑物表现了全新的空间观念，陈列馆的墙和屋面大部分是玻璃，虽然仍然带有古典装饰，但是在建筑立面处理上使室内外融为一体，也是一项突破（图 3-16）。

机械馆有 20 个弓形桁架，钢制三铰拱最大截面高 3.5 米，宽 0.75 米，而这些庞然大物越接近地面越窄，在与地面相接处几乎缩小为一点。每点集中压力有 120 吨（图 3-17）。

机械馆在审美观念上也有很大的突破。传统的砖石建筑，墙的底部应力增大，需要厚重的基座，而钢结构支撑框架的结构在基座的部位可以缩小而不必加大。机械馆采用三铰拱结构，推力平均作用在顶端和基础的铰点上，梁柱不再是分开的单元，结构具有整体性，宛若一气呵成。外立面装饰了各种颜色的砖、陶瓷锦砖、镂空板，以及油漆和绘画，也因此被称为"展览会上最具创新性的建筑"。

2.1900年巴黎世博会——新艺术运动的代表

1900 年正值世纪之交，巴黎举办了第五次世博会，主题是"回归 19 世纪，展望新世纪"。博览会的时间为 1900 年 4 月 15 日至 11 月 12 日，共有 58 个参展国，参展企业达 8300 家，参展人数 5086 人，创造了当时的世界最高纪录。本届世博会的主旨在于展出"一幅整个世纪人类思想进步的画卷"，表现法国作为文明先驱的意愿，弘扬法兰西精神。

世博会场址为塞纳河两岸的场地，为欧洲历届世博会中场地最大。场地设计开始出现功能分区，设立集中的国家展区。在展会上首次展示了全景宽银幕电影、配上法国卢米埃尔兄弟和美国爱迪生分别发明的同步录音电影、放大1000倍的望远镜、波波夫发明的第一台无线电收发报机、奥的斯电梯、X射线仪器等。

在这届世博会上，新艺术运动得到极大的发扬。新艺术运动是19世纪末、20世纪初在欧美展开的装饰艺术运动，其内容涉及建筑、家具、服装、平面设计、雕塑、绘画等。在建筑方面，新艺术运动极力解决建筑和工艺品的艺术风格问题，想创造出一种前所未见的、能适应工业时代精神的简化装饰，装饰的主题是模仿自然界生长繁茂的草木形状曲线，用于建筑墙面、家具、栏杆、窗棂等，装饰材料大量应用铁构件。1900年巴黎世博会建筑运用了大量的自然植物曲线，以超常的装饰和繁琐的线条对历史上的风格进行了模仿，是新艺术运动在巴黎达到高峰的体现，一些建筑被称为是新艺术运动的典型代表。

（1）大宫和小宫

大宫和小宫是这届世博会的主要展馆，位于塞纳河右岸，原址为1855年博览会建造的工业馆。

大宫的功能是作为艺术馆使用，以提供美术展览的空间，举办标志着巴黎艺术成就的各式画展沙龙。建筑主要风格为古典主义路易十六式风格，是一座庞大的铁和玻璃大厅，平面椭圆形，既可作为马术赛场，同时又可展出雕塑，周围一圈围廊用于画展，在大宫西翼设有更多的大厅和展廊。主展厅大圆顶高达43米，从正立面的中央进入，室内空间十分开阔壮丽，具有节日庆典的气氛。建筑师为了创造壮丽的空间，在正对入口处建造了一座耳堂，并设计了一座华丽的铸铁大台阶，连接耳堂和西翼，建筑平面的交叉点上覆以一个穹顶。大宫四周为一圈长240米的爱奥尼式柱廊，立面上有丰富繁杂的饰带和雕塑作装饰，而内部则将铸铁结构显露出来。整个建筑体现出古典主义和新艺术运动融为一体的建筑风格（图3-18）。

小宫的场地是1878年世博会巴黎城市馆的原址。建造的初衷是展览巴黎市政府收藏的绘画，同时用作临时的展馆。它的穹顶是典型的新巴洛克风格，但是其爱奥尼柱廊则遵循巴黎美院的古典主义规则（图3-19）。建筑平面为不规则的四边形，展览室围绕着一个优雅的半圆形院子展开。建筑顶部为穹顶，

图 3-18　1900 年巴黎世博会大宫　　　　　　　　图 3-19　1900 年巴黎世博会小宫

在建筑的两个转角，螺旋形钢筋混凝土楼梯从悬挑的展廊旋转而下。小宫收藏了 19 世纪的绘画和雕塑，同时也收藏了一批古希腊、古罗马和古埃及的艺术品。

（2）芬兰馆——民族风格的体现

芬兰馆采用了北欧乡村教堂的外观，建造工艺相当精美。平面为单廊式，端部是半圆形的后堂。紧贴后堂的耳堂部位是两个相对的入口和一座塔楼，建筑在芬兰以精湛的手工艺加工后运至巴黎拼装。芬兰馆的饰面是仿石粉刷，只有两座门道采用真实的石材。塔楼下方有一座华盖，展示比尔波勒陨石。建筑设计具有原创性，而又充满民族浪漫主义色彩，为学院派古典主义占统治地位的巴黎世博会带来了一股清新的气息。

（3）奥尔赛火车站

由于世博园区的建设，巴黎第一条地铁线开通，奥尔赛火车站被建成用来接待参观世博会的观众。整个火车站长 137 米，宽 40 米，大厅高 29 米；火车站的立面完全隐藏了车站的大体量和铸铁结构，古典式的平、立面与钢铁结构及其室内空间融会贯通。立面为 7 跨圆拱，两侧有塔楼，塔楼上的时钟暗示了建筑的功能。由于火车站的规模无法适应后来的火车发展，1939 年该建筑被废弃。1986 年，废弃的火车站被改建为博物馆，用来收藏法国 19 世纪艺术品。

本章图片来源：

图 3-1~图 3-4,图 3-7~图 3-11,图 3-15~图 3-17　[德]克莱门斯·库施：会展建筑设计与建造手册 [M]，秉义译，武汉：华中科技大学出版社,2014。

图 3-5,图 3-6　http://expo2010.sina.com.cn/expocapsule/capsule/20100915/092414068.shtml

图 3-12：1878 年巴黎世博会主展馆 http://news.cri.cn/gb/27824/2010/01/22/1545s2739066.htm

图 3-13：1878 年 巴 黎 世 博 会 艺 术 馆 https://2010.qq.com/a/20100225/000071_4.htm

图 3-14：1889 年 巴 黎 世 博 会 场 地 http://cms.luxtarget.com/AbiitAe-tas/18511_32.htm

图 3-18,图 3-19　郑时龄、陈易：世博与建筑 [M]，东方出版中心，2009。

第四章

现代时期的展览会及其建筑

第一节　两次世界大战之间的社会历史背景与建筑活动

一、两次世界大战之间的展览会及其建筑

1. 两次世界大战之间建筑发展概况

第一次世界大战（1914～1918年）之后，到第二次世界大战全面开始（1939年）之间的二十年时间大体可分为三个阶段：

（1）1917～1923年：世界资本主义体系受到深刻震撼，出现了第一个社会主义国家苏联；欧洲各国陷入严重的经济与社会危机。

（2）1924～1929年：资本主义相对稳定时期；各国经济恢复并出现某些高涨。

（3）1929～1939年：资本主义世界发生严重经济危机；酝酿和走向新的战争。

这一时期的社会历史背景的特点在建筑活动中表现了出来：

"一战"结束后，各国面临着严重的住房缺乏问题；建筑材料供应不足，缺少熟练工人，房屋造价昂贵。新材料、新技术在住宅建筑中开始试用，混凝土、金属板材、石棉水泥板代替传统材料，预制装配程度提高；1924年以后，社会相对安定，建筑活动随之兴盛；20世纪30年代初世界经济危机到来之前，美国和欧洲各主要工业国家中出现了一个建筑活动繁荣的时期，接着各国的建筑业便进入了萧条时期。

总的来说，第一次世界大战后欧洲的经济、政治条件和社会思想状况给主张革新者以有力的促进。战后初期的经济拮据状况促进了建筑中讲求实用的倾向；20世纪20年代后期工业和科学技术的迅速发展，社会生活方式的变化进一步要求建筑师突破陈规，出现了新的建筑类型，材料、结构、施工等越来越进步。

在建筑科学技术的发展方面，19世纪以来出现的新材料、新技术被加以完善并推广应用：钢结构技术得到改进和推广，钢筋混凝土应用更为普遍，在

大跨度建筑中出现壳体结构，出现了铝材、不锈钢、搪瓷板，玻璃、玻璃纤维、玻璃砖，塑料、铺地砖，胶合板、木材制品等新型建筑材料；各种吸声抹灰和隔声吸声材料如蛭石、珍珠岩、矿渣棉被研究出来。建筑设备的发展也加快了，出现了电梯、霓虹灯、磨砂灯泡、日光灯、空调等，厨房和厕浴设备不断改进；设计顶棚时对照明、空调、防火和声学作统一安排；建筑师和结构工程师、设备工程师共同配合，建筑使用质量得到很大的提高。

2. 两次世界大战之间的建筑创新流派

第一次世界大战后欧洲的社会政治思想状况给建筑革新提供了有利的气氛，革新派日渐兴旺，出现了坚持创新的表现主义派、未来主义派、风格派与构成派——它们作为独立的流派存在的时间都不长，于20世纪20年代后期逐渐消散，但它们对现代建筑及其后的影响还是相当深远的。

（1）表现主义派

20世纪初在德国、奥地利首先产生了表现主义的绘画、音乐和戏剧。表现主义者认为：艺术的任务在于表现个人的主观感受和体验。艺术作品是主观"表现"的需要，目的是引起观者情绪上的激励。在这种艺术观点的影响下，第一次世界大战后出现了一些表现主义的建筑。这一派建筑师常常采用奇特、夸张的建筑形体来表现某些思想情绪，象征某种时代精神。其代表作品如德国建筑师门德尔松设计的爱因斯坦天文台，以弯曲的墙面、深黑的窗洞体现出宇宙的神秘感。

（2）未来主义派

第一次世界大战爆发前数年，意大利出现了一个名为"未来主义"的社会思潮。未来派对资本主义的物质文明大加赞赏，对未来充满希望。意大利年轻的建筑师桑·伊里亚发表了《未来主义建筑宣言》，激烈批判复古主义，认为"未来的城市应该有大的旅馆、火车站、巨大的公路、海港和商场、明亮的画廊、笔直的道路以及对我们还有用的古迹和废墟……在混凝土、钢和玻璃组成的建筑物上，没有图画和雕塑，只有它们天生的轮廓和体形给人以美。这样的建筑物将是粗犷得像机器一样简单，需要多高就多高，需要多大就多大……城市的交通用许多交叉枢纽与金属的步行道和快速输送带有机地联系起来"。

（3）风格派

1917年,荷兰一些青年艺术家组成了一个名为"风格"派的造型艺术团体,他们认为最好的艺术就是基本几何形象的组合和构图。风格派雕刻家的作品，往往是一些大小不等的立方体和板片的组合。风格派画家蒙德利安认为，绘画是由线条和颜色构成的，所以线条和色彩是绘画的本质，应该允许独立存在。他认为用最简单的几何形和最纯粹的色彩组成的构图才是有普遍意义的永恒的绘画。风格派的代表建筑是荷兰乌得勒支住宅，外观是一个简单的立方体，光光的板片，横竖线条和大片玻璃错落穿插。

（4）构成派

第一次世界大战前后，俄国有些青年艺术家也把抽象几何形体组成的空间当作绘画和雕刻的内容。他们的作品，特别是雕刻，很像是工程结构物，这一派别被称为构成派。例如塔特林设计的俄国第三世界纪念碑，由抽象几何体与线条组成的雕塑看起来像个工程构筑物，体现了构成派的追求。

3. 现代主义建筑的产生

第一次世界大战后，西欧一批青年建筑师提出了比较系统激进的改革建筑创作的主张，并且推出一批大胆创新的优秀作品，大大推动建筑改革走向高潮——现代建筑运动——形成了继学院派之后统治建筑学术界长达数十年的现代建筑派（Modern Architecture）。德国建筑师 W. 格罗皮乌斯和密斯·范·德·罗、法国建筑师勒·柯布西耶是他们中的杰出代表。

现代主义建筑师遵循的设计方法包括：

（1）重视建筑物的功能，并以此作为建筑设计的出发点，提高建筑设计的科学性，注重建筑使用时的方便和效率。

（2）注意发挥新型建筑材料和建筑结构的性能特点。

（3）把建筑的经济性提到重要的高度。

（4）主张创造建筑新风格，坚决反对套用历史上的建筑样式。

（5）认为建筑空间是建筑的主角，产生了"空间－时间"的建筑构图理论。

（6）废弃表面的外加的建筑装饰，认为建筑美的基础在于建筑处理的合理性和逻辑性。

现代主义建筑将服务对象明确为"为大众设计"，强调功能性、理性原则，在美学上形成了以机械美为中心的机械美学，建筑形式简单明确，表面无装饰、甚至提出"少就是多"的原则。为便于快速施工和降低成本，建筑采用新的工业材料和预制件的施工方法等。于是，普遍性、均质性、逻辑性、速度以及效率成为指导建筑设计的最高准则。

现代主义建筑自 20 世纪 20 年代兴起以后，世界上几乎所有的文明国家都不同程度地受到了它的影响。现代主义所奠定的设计理念与设计原则在当代仍然具有不可替代的作用。

二、两次世界大战之间的会展建筑

随着第一次世界大战的爆发，许多国家陷入经济困境，国际自由贸易的环境被破坏，各国开始寻求促进本国经济发展的新途径。这一时期出现了综合性的贸易展览会和博览会，如 1916 到 1919 年之间，法国就举办过三届博览会。各国举办展会次数多但是展出水平和实际效益普遍下降。第一次世界大战之后，经济的发展使得商品展销会不断成功举办，原有会展场地上展厅的数量不断增加。新建筑自身的建筑风格更为吸引人，也配备了更好的供暖、空调和其他建筑技术装备，但是当时建造未能考虑到扩建因素，许多建筑目前仍存在于大型顶级会展中心内部，难以向外扩展。

在德国，科隆商品展销会的历史可追溯至 1924 年。1928 年科隆举办了国际型展会，为此建造了鲁道夫·莫斯（Rudolf Mosse）展厅（图 4-1）和东普鲁士沃巴赫出版公司的展厅（图 4-2）。这些建筑均具备明显的现代主义的特征，采用简洁的立面，大面积玻璃窗，立面为非对称构图，结构上采用新型的钢和钢筋混凝土结构。

1924 年，国际商会在巴黎召开了国际展览会议，以此为基础，1925 年在意大利米兰成立了国际博览会联盟（Union des Fairs Internationals，简称

图 4-1　鲁道夫·莫斯展厅　　　　　　图 4-2　东普鲁士沃巴赫出版公司的展厅

UFI），该组织的成立对提高国际展览会的质量标准、维护全球展览业的正常秩序做出了重要的贡献。

三、两次世界大战之间的世博会及其建筑

20世纪30年代，欧美遭遇大萧条，建筑活动减少，但美国的世博会仍在坚持举办，参展的主要是大公司，以汽车厂商为主。在此期间举办的世博会，以展示工业和经济发展的前景为核心，"进步""未来"等词常常被宣扬。展会组织者和参展商希望通过会展活动促进消费，越来越多的平民参会，展会活动更为实际，展会设施的艺术化让位于商业文化，更为关注产品本身。欧洲的世博会则与美国形成鲜明对比，以政治形式为重，在当局的态度中反映了专制权力。

在全球动荡和经济危机的冲击下，资本主义国家的国内生产大于需求，大多数行业完成了从手工业向工业化的过渡。由于人们沟通方式的进步和生活方式的改变，艺术及设计界出现的思潮和流派被社会广泛接受。一些追求创新的设计师加入了建筑发展的变革，设计出的展馆建筑虽然在规模上无法与早期的博览会展馆媲美，但是在设计风格上表现了建筑的新潜力。

两次世界大战之间的世博会建筑，在设计风格上与当时走在建筑发展前沿、追求创新的艺术流派相一致，表现派、构成派等风格的建筑在世博会上都有出现，"现代建筑派"的建筑师们也参与了世博会场馆的设计，其作品成为世博会中现代建筑的代表，体现出建筑设计、建筑艺术和建筑科学技术方面的进步。

1.1925年巴黎世博会——新建筑流派的反映

1925年巴黎的世博会主题是"装饰艺术与现代工业"。博览会于1925年4月30日开幕，10月15日闭幕。由于是专题博览会，博览会场地占地面积有限（23公顷），但是它推动了装饰艺术派风格的广泛发展，是20世纪影响最大的博览会之一。

装饰艺术运动（Art Deco）演变自19世纪末的Art Nouveau（新艺术）运动，当时的Art Nouveau是资产阶级追求感性（如花草动物的形体）与异文化图案（如东方的书法与工艺品）的有机线条；Art Deco则结合了因工业文化所兴起的"机械美学"，以较机械式的、几何的、纯粹装饰的线条来表现，

如扇形辐射状的太阳光、齿轮或流线型线条、对称简洁的几何构图等，并以明亮且对比的颜色来彩绘，例如亮丽的红色、鲜艳的粉红色、电器类的蓝色、警报器的黄色到探戈的橘色及带有金属味的金色、银白色以及古铜色等。1925 年巴黎世博会出版了 12 卷本的《20 世纪装饰艺术与现代工业艺术百科全书》，这部百科全书附有大量图例，受装饰艺术运动影响，将新艺术运动以几何图形为主的装饰母题加以广泛传播。

图 4-3　1925 年巴黎世博会新精神馆

在世博会上，装饰艺术的气息随处可见，展馆建筑内外都布满了新颖的浅浮雕和立体装饰。本届世博会开创了建筑史上非常重要的装饰艺术派建筑，影响了全世界，把艺术装饰风格推上国际潮流舞台，由此成为了现代主义兴起的信号，是一届对 20 世纪世界建筑的发展起到了积极推动作用的世博会。

（1）勒·柯布西耶及其新精神馆

法国建筑师勒·柯布西耶是现代建筑运动的激进分子和主将、20 世纪最重要的建筑师之一，是一位具有广泛世界影响的建筑师。他激烈否定 19 世纪以来的因循守旧的建筑观点、复古主义和折衷主义的建筑风格，激烈主张创造表现新时代的新建筑，主张建筑走工业化道路；把住房比作居住的机器，要求建筑师向工程师的理性学习。他把建筑看作纯精神的创造，说明建筑师是造型艺术家，并把当时正在兴起的立体主义流派的观点移植到建筑中来。

勒·柯布西耶为世博会设计的新精神馆，是在他设计的独立式住宅原型（一种立方体形状的住宅，二层有作为内院的露天平台，客厅面向内院）的基础上，增加了圆柱形的展示空间（图 4-3）。勒·柯布西耶认为新精神馆是一种具有生命力的居住体系和建筑单元模式，特别容易在都市中实现。他设计这座建筑的构思是否定一切装饰艺术，他所要表达的新精神涉及一切领域，从国土、城市、街道到住宅，甚至覆盖日用品。新精神馆提倡城市生活的新形式，将现代性作为统一室内外空间的秩序。室内展出了模数化的卫生间、德国家具工业化生产的曲木椅子、金属管制作的家具等，墙上装饰着立体主义的绘画，建筑本身以及室内的家具、陈设等都是展品。这座建筑犹如一架机器，舒适、实用而又美观。

新精神馆表现了勒柯布西耶的"新建筑五点理论"：底层的独立支柱；屋顶花园；自由的平面；横向长窗；自由的立面。整个建筑由一个立方体和一个圆柱体构成，立方体是居住细胞的原型，而整个细胞也可以与其他细胞组合成更大的单元，甚至构成城市，这也是勒·柯布西耶的"房屋是居住的机器"概念的例证。立方体的室内由各种标准化的容器构成，这些容器既适合摆放家具，也适合各种活动。每个容器，包括整个居住单元，都具有共同的计量尺寸和比例。根据勒·柯布西耶的精心安排，采用最经济的尺寸以及标准化的构件，一方面各部分自成系统，另一方面又相互配合，形成一个整体。这种居住单元是对未来理想的实现，创造性地体现居住个体、社会和城市的整体关系。

圆柱体内部展示的是勒·柯布西耶设计的未来的城市（一座拥有300万人的当代城市的缩微模型）以及将当代城市的规划思想应用到巴黎的"瓦赞规划"。瓦赞规划中巴黎被设计为一座立体城市，其占地面积大约是曼哈顿的四倍，城市中心由10～12层的住宅楼和24幢60层十字形平面的办公楼组成，快速高架道路穿越城市中心，表现出勒·柯布西耶对机器时代的设想，以及寻求与现代文化和谐的理想。

勒·柯布西耶在设计新精神馆时，保留了一棵大树。在新精神馆室内，应用了大量的木材，建筑的各个部分保留了材料的原色。地板用的木料利用了施工期间工地的木栅栏。这座建筑在博览会后被废弃在巴黎的布洛涅公园内，后来才得以修复。

尽管这届博览会在表面上宣扬现代设计，但是像荷兰的风格派和德国的包豪斯的作品都不能在巴黎展出，人们赞颂的是那些用昂贵材料制作的奢侈作品，这让人们眷恋法国设计的黄金时代。这届博览会上表现的国际式风格和艺术倾向以及勒·柯布西耶的新精神馆遭到了对现代主义有偏见的巴黎市民的反对，博览会组委会不得不在新精神馆的周围竖起了6米高的围墙将其遮住，在美术部长干预后才将围墙拆掉。

（2）苏联馆——苏联构成主义的代表作

苏联在1917年10月革命以后首次参加世博会，苏联馆的设计任务是要展示苏维埃建筑的新思想。20世纪20年代的苏联，出现了先锋派的艺术家，追求艺术的创新，一些青年艺术家把抽象几何形体组成的空间当作艺术表达的内容，被称为构成派。1925年巴黎世博会苏联馆的建筑设计师梅尔尼科夫就是俄国构成主义流派的代表人物，他受先锋派建筑师塔特林的影响，试图让苏联馆起到表现国家意识形态的作用，以抽象的形式表现高度象征性的内容。

苏联馆的基地呈狭长的长方形，面积不大，建筑是一个构成主义的代表作。

图 4-4　1925 年巴黎世博会苏联馆　　　　　　　图 4-5　苏联馆室内装饰及家具

建筑体量为用黑、红以及灰色木材建造的长方体，被转角处一座呈对角线布置的斜向楼梯切分开来，从展馆两端进入，在中心汇合。室内顺应楼梯方向布置斜向的柱网。建筑立面由简单的方块、平整的壁板、大面积的玻璃窗构成水平和垂直的线条，两个主体的屋顶分别向不同的方向倾斜，楼梯的上方是相互交叉的木构架（图 4-4）。建筑的室内和室外空间的边界已经模糊，楼梯切割以后剩下的两个三角形体块，在锐角处切角，一头布置入口塔楼。整个苏联馆采用装配式结构，在苏联本土加工制作，运至现场拼装。

苏联馆展示了 20 世纪 20 年代苏联先锋派的作品，把苏联建筑和艺术推向了世界舞台。苏联馆中的劳动俱乐部的装饰与家具布置方案代表了构成主义设计在苏联应用的最高水平，采用了与苏联馆建筑外观色彩相统一的白、红、黑三色，在平面装饰和家居造型方面均采用构成主义手法（图 4-5）。所有家具均被设计成可移动、可折叠、可装配的，节省空间面积并使功能最大化，体现了现代设计的主要原则。

2.1929年巴塞罗那世博会——现代派的经典

1929 年巴塞罗那世博会是西班牙历史上的第二次世博会，主题是"工业，西班牙艺术和体育"，标志着西班牙进入了现代化进程。

世博会选址在占地 292 英亩的蒙巨克山上。世博会把这片土地变成了永久性的市级公园，修筑了绿树成荫的大道、宫殿般的博物馆、水上花园和能容纳 6 万个座位的体育场。圆形的西班牙广场是世博会的主要进口，由此辐射出数条大道。各主要建筑大都耸立在克里斯蒂娜大道两侧，再往前就是世博会的

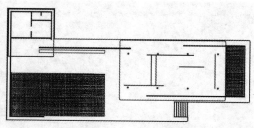

图 4-6　1929 年巴塞罗那世博会德国馆　　　　　图 4-7　德国馆平面

主馆——国家宫。

　　这届世博会最具历史意义的建筑是现代建筑大师密斯·范·德·罗设计的德国馆。它被称为现代建筑的里程碑之一，也有建筑史学家称它是"20 世纪最美的建筑"，是人类历史上的建筑杰作，也是 1929 年巴塞罗那世博会最灿烂的纪念碑。

　　德国馆占地长 50 米，宽 25 米，包括一个主厅，两间附属用房，两片水池，几道围墙。除了建筑本身和家具之外，没有其他的陈列品，建筑本身就是供人参观的展品（图 4-6）。该展览馆体现了密斯著名的"流动空间"的设计思想，突破了传统砖石承重结构必然造成的封闭的、孤立的室内空间形式，采取一种开放的、连绵不断的空间划分方式。整个建筑坐落在一块略微抬高的基座上，主厅由十字形钢柱支撑着长 25 米、宽 14 米的屋面板，墙体自由布置、穿插，以引导人流；两座围绕水池的庭院使室内各部分之间（图 4-7）、室内与室外之间相互穿插，所有空间既分隔又连通，没有一处空间是封闭的，人在行进中能够感受到丰富的空间变化。

　　该建筑设计还体现出密斯的理念"少就是多"："少"指的是构件简单，无变化，无过渡，主要靠钢铁、玻璃等新建筑材料表现其光洁平直的精确的美、新颖的美，以及材料本身的纹理和质感的美；"多"体现在用料考究，建筑物采用了不同色彩、不同质感的大理石、玛瑙石、玻璃、地毯等，突出材料本身固有的颜色、纹理和质感，显出华贵的气派。该展馆建筑本身被作为展品与参观者之间形成互动，建筑形体处理简单，屋顶和墙交接简单，柱子构件直接交接，无过渡处理；不同材料直接交接，简单明确，干净利索。

　　1929 年前后，这座建筑引起了普遍的关注。有评论家认为，这座建筑提供了空间的新体验，其所呈现的精确的比例和精神，可以追溯到 18 世纪的古典主义，同时又融合了新时期的构成主义和立体主义，因其豪华的气质和高贵的品质被称为是世界建筑史上承前启后的典范。

世博会结束后，德国馆被搬迁了，按此原型复制的种种模型却不断在其他展览会上展出或成为研究的对象。1980 年，复制的德国馆又重新在旧世博会场址上耸立起来。

3. 1933～1934年芝加哥世博会——引领建筑新风尚

1933～1934 年芝加哥世博会是因为纪念芝加哥建成 100 周年而举办的，举办时间为 1933 年 5 月 27 日～11 月 12 日，1934 年 5 月 25 日至 10 月 31 日，主题是"一个世纪的进步"和"明日的世界"。世博会占地 170 公顷，21 个国家参展。

本届世博会的出展思路是以科学进步为主线，展示科学运用于工业领域的种种发展形式，吸引当时的工商业巨头参展。通用汽车、克莱斯勒、西尔斯百货（Sears）等纷纷获准建造各自展馆。企业馆以前所未有的气势登上世博会舞台，成为不可或缺的元素。世博会的成功举办促进了芝加哥的经济发展，也推动其他城市把世博会视作经济发展的动力。

世博园场地划分成不同的地块，每个建筑师负责一个地块，并与相邻地块的建筑师协调。园区与滨水地带结合得非常融洽，既注意交通的顺畅，又使景观与交通道路结合。建筑师从纽约中央火车站得到启示，对于大流量的参观者来说，尽量不采用楼梯和造价昂贵的电梯而采用坡道，废除了最初考虑的自动步行道。作为园区地标的空中缆车"火箭车厢"在两座间距约 609 米、高约 191 米的铁塔间，载着参观者在约 31 米的高空行驶。

本届世博会建筑委员会成员来自纽约、费城、旧金山和芝加哥，在建筑设计方面强调建筑的创新性，指出临时性的博览会建筑在应用像石膏板、铝板这些材料建造时，应"诚实地"应用材料，不能模仿砖石结构以及源自砖石建筑的装饰。因此本届世博会的建筑大多为立方体块的体量，明亮的色彩，采用人工照明，铝板的色彩和质感，以及产生的彩虹般的色彩效果成为这届博览会最令人难忘的特色。建筑师们把芝加哥世博会打造为建筑盛会，使每座建筑都成为杰出的艺术作品。受 1925 年巴黎世博会的影响，许多装饰都可以从巴黎世博会找到原型，为装饰艺术派风格。

（1）明日住家

本届世博会关注美国 20 世纪 30 年代城市郊区的大规模发展问题，关注

图 4-8　1933 年芝加哥世博会"明日住家"　　　图 4-9　"明日住家"室内

未来的城市规划。世博会上展出了一组共 12 种"明日住家"（Homes of Tomorrow）的样板住宅，是一系列适用范围广泛的新型住宅，采用新材料和新工艺，造价低廉，能为普通家庭所承担，可以满足日益增多的寻求有自己住宅的美国人的需要。这种住宅是预制装配式单元，应用诸如纤维板、人造石材、塑料、柏木、玻璃和钢，以及传统的砖、木材等。

乔治·弗雷德·凯克设计的平面为多边形的"明日住家"，采用了新的施工技术和新颖的建筑材料，三层钢框架，外墙面为十二边形玻璃围护结构，被誉为"美国第一幢玻璃房子"（图 4-8），也是本届世博会最具创意、最有影响的设计，代表了当时的最新设计理念和建筑技术，是一种受包豪斯精神激励的现代建筑，这种风格引领了其后几十年的美国建筑。

住宅室内陈列了早年的电视机、自动洗碗机、空调机和各种家用电器等，还带有汽车库和私人飞机库。现代化的住宅预示了住宅电气化时代的来临（图4-9）。"明日住家"在经济大萧条的年头唤起了人们营造温馨家庭的梦想和追求美好生活的信心，推动了美国大萧条以后的经济发展和社会生活的进步。

（2）交通展示馆

博览会上展示了新的城市交通方式，地面交通工具包括电车、无轨电车和飞艇等。旅游与交通运输馆采用悬挂结构，是世博会上最具创意的建筑，出现了诸如通用汽车馆、克莱斯勒汽车馆、福特汽车馆、德索托汽车馆等，建筑物的造型也象征了汽车的形象，预示了汽车时代的到来。克莱斯勒汽车馆外表为白色金属和木材，立面构图充满动感，4 根 31 米高的塔柱围合成一个露天广场，雅致的两层展馆围绕广场布置，玻璃展廊和展览平台均为圆弧形的。夜晚的灯光设计为银色和金色的，体现出现代建筑的美感。

（3）实验性建筑

芝加哥博览会上首次展示了一些新型实验性建筑，如无窗建筑、装配式建筑等。这届博览会为美国人带来了他们不曾见过的新的建筑形式，崭新的光影和色彩效果以及新的材料使当时的人们普遍接受了新技术和现代预制装配技术，使美国现代建筑的发展走上了全新的道路。

4.1937年法国巴黎世界博览会——新古典主义的回归

1937年巴黎世博会的举办时间是1937年5月1日至11月25日，世博会的主题是"现代生活的技术与艺术"。自这届世博会开始设立主办国的地方展馆。科学发现馆成为一部包罗万象的人类大百科全书；历史发明馆陈列着许多第一：世界上最老的蒸汽车、人类第一辆自行车、第一批电视机等；电影馆展示电影制作的全过程；印刷馆展示印刷的历史，从德国谷登堡的活字印刷到当时的高速印刷机；航空馆展示了最新式的飞机，当时的飞机已经相当完善；博览会上展出的火车车厢和机车已经呈流线型。博览会还设立了化工馆和无线电馆，代表了当时科学技术的发展水平。

本届博览会试图将艺术与工业、技术加以融合，并在形式上予以统一。博览会的建筑表现了新古典主义思潮的回潮：苏联馆带有明显的民族形式；德国馆则以古典复兴式象征国家的壮丽；连一向追求新艺术思想的法国也不例外，它的展览馆和现代艺术博物馆都在外观上带有巨大的柱廊，表现为简化的新古典主义风格。

（1）苏联馆和德国馆

苏联馆和德国馆在塞纳河北岸相对而立，分别位于夏乐官中轴线的两边，形成相互对峙的格局，剑拔弩张，表达了两大强权的崛起，也预言了以后的血腥抗争。

苏联馆比较偏向新装饰艺术派的风格，造型充满动感，形成一往无前的气势。建筑顶部竖立着24米高的巨型不锈钢雕塑，高举镰刀与斧头的农民与工人形象成为构图的中心，使整个建筑成为一个纪念碑。

德国馆以古典复兴式象征国家的壮丽，设计人是希特勒的首席建筑师阿伯特·斯庇尔。设计一脉相承普鲁士古典主义大师辛克尔的理性主义词汇，但冷峻中又加上一股子傲气。设计师斯庇尔在回忆录中承认他见到苏联馆的模型之后，将德国馆设计得非常结实，采用完全对抗的形式，试图抵抗苏联

图 4-10　1937 年巴黎世博会苏联馆、德国馆相互对峙的格局

馆前进的工农。德国馆的正立面是高达 152 米的塔楼，仿佛拔高的纪念碑，顶部竖立着纳粹的老鹰徽章，恶狠狠地俯视苏联馆顶部高举镰刀锤子冲来的工农（图 4-10）。

苏联与德国以建筑的夸张尺度表现了意识形态上的对抗，两者都采用了新古典主义的纪念碑式造型，与当时盛行的现代建筑思潮格格不入。两个馆的设计都赢得了此次世博会的建筑金奖。

（2）勒·柯布西耶设计的现代馆

该建筑位于博览会场地的边缘，靠近马约门，是作为民众教育的流动博物馆而建造的，要求便于拆装，博览会结束后用于在法国各地巡回展览。建筑平面尺寸为 31 米 ×35 米，设计运用了轻巧的临时性帐篷结构，以略为倾斜的梭状金属桅杆作为支撑，断面为三角形，用缆绳绷紧，承载这一帐篷结构。室内布局与结构分离。勒·柯布西耶利用了室内变化的空间高度，以坡道作为参观通道。由于预算紧张，不得不采用经典的展示方法，即图片、模型和衬景作为展示手段。展出的内容包括雅典的地图，勒·柯布西耶的巴黎规划等，展板由著名艺术家和建筑师制作。室内色彩十分鲜艳，帐篷漆成黄色，墙体刷红色、绿色、蓝色和灰色，砾石地坪为浅黄色。

（3）芬兰馆

芬兰馆是一座优秀的民族浪漫主义建筑，主题是"森林是进步"，被誉为"木材的诗篇"。建筑师是阿尔瓦·阿尔托和他的夫人爱诺·阿尔托。阿尔瓦·阿尔托是现代建筑第一代著名大师之一，也是人性化与地方性建筑理论的倡导者。他具有独到的见解和丰富的构思，作品反映了时代精神和民族特点。

芬兰馆位于一处树木茂密的坡地上，基地给设计带来了很多限制，芬兰馆的设计既合理地解决了空间功能关系，又有强烈的芬兰民族特色。平面由庭院组成，既利于采光，又创造了优雅的园林空间。一部分展品陈列在室内，一部分陈列在室外，使参观者感觉不到室内外高差的变化。建筑造型小巧精致，尺度宜人，自由典雅，掩映在树丛中，以绿化来柔化环境。建筑的柱子用藤条绑扎圆木，曲折的外墙用半圆形断面的企口木板拼接，细部十分精致，建筑本身也成为工艺品。展览厅围绕庭院布置，使展厅有良好的天然采光。所有的木构件都在芬兰加工制作，在巴黎由芬兰工匠组装。

5.1939年纽约世博会——保守的现代主义

1939年纽约世博会是为了纪念华盛顿就任美国总统150周年而举办的。举办时间是1939年的4月30日至10月31日，次年的5月11日至10月27日，共展出351天。33个国家和24个州参展，有100多个展馆，占地500公顷。这届世博会的成功举办，对于战后美国的发展产生了十分重要的影响。

博览会的场址是由设在昆斯区北面的克罗纳垃圾场改造而成。整个园区划分为7个展区，包括娱乐、交通、交流、行政、生产和流通、食物等，每个分区都有一个主展馆，呈放射形的宽阔大道将各个分区隔开。中央步行大道名为宪法广场，两端分别是纽约市馆和美国馆，中间是世博会的标志——世博塔和世博球。

由于处于经济萧条期，建筑呈现为保守的现代主义。整体布局为对称式的，建筑正式而庄重，色彩以原色和白色为主，造型采用几何元素，立面为庞大而又光秃秃的实墙面，大多数展馆都没有窗户，以充分利用墙面和灯光效果，这种形式被以后的展览会纷纷仿效。

（1）世博塔和世博球

本届世博会的标志是由美国建筑师华莱士·哈里森和法国建筑师雅克·安德烈·富尤设计的213米高的三角锥形世博塔（Trylon）和直径为60米的世博球（Perisphere）。

世博塔和世博球也是博览会的主题馆，采用精确的三角锥和圆球等几何形体，以一条长274米的螺旋坡道连接，从坡道上可以观赏园区的全景(图4-11)。世博球的形象继承了牛顿纪念堂的造型，代表了人类对理性的追索，隐喻未来世界。世博塔则隐喻摩天大楼。

参观者在世博球中可以参观由亨利·德赖弗斯设计的名为"民主城市"

图 4-11　1939 年纽约世博
会世博塔和世博球

（Democracity）的展览，这是一个由先进的交通网络连接起来的特
大都市组成的世界。

（2）通用汽车公司的展馆

展馆内展出了"未来都市全景"（Futurama）模型，其概念包
括纵横交错的超级高速公路网和广阔的城市郊区，设计的是未来
1960 年的城市中心，由高层建筑组成中央商务区，高架道路将城市
各个部分连接在一起。模型内容包括近 50 万间专门设计的房屋，超
过 18 个种类的 10 万株绿树，以及 5 万辆缩微汽车，组成了"未来
都市全景"，展现了通用汽车对未来人类社会发展的前瞻。

展馆内有 600 个座位，让观众在移动中观赏想象中的 1960 年
的城市。参观者进入展厅后，坐在装有嵌入式个人声音系统的可移动扶手椅
上，下面由输送带承托缓缓向前移动 15 分钟。沿途一面看 1960 年的美国风光，
一面听录音解说，切身体验未来 30 年之后的美国城市（图 4-12 ～图 4-14）。

汽车以每小时 160 公里的速度奔驰在 7 车道的城市干道上，模型上有实
验性的住宅、农庄、工厂、水坝、桥梁和一座大都市，宣告着汽车是美国人的
新家。参观者在结束参观后，每个人可以得到一枚徽章，上面写着："我看见
了未来"。

（3）芬兰馆

这届博览会上最大胆的建筑是阿尔托在设计竞赛中获得一等奖的芬兰
馆方案。

由于展馆场地的变更，芬兰建不起自己的展馆，而只能用主办国提供的小
尺度单元，芬兰馆不得不与其他国家共同利用一幢建筑。其结果就是这个工程
基本上没法做什么结构创新或者立面设计，实际上只是一个"装修"，但是这

图 4-12　通用汽车公司展馆

图 4-13　展馆入口

图 4-14　展馆内部

个特殊情况却给了阿尔托以灵感。

芬兰馆极具芬兰特色,表现了现代性和地域性的结合。由于展馆呈狭长形,因此阿尔托把展厅建得很高挑,高度达 16 米,只单边布置展品。为了增加展示面积,产生视觉效果,建筑师把整个墙面分成四层。最上层展出的是芬兰的概况,依次向下的展出内容是民众和工厂,底层是产品展览。

各层不仅在水平方向上处理成如同波浪般的起伏,在竖直方向上也自下往上向内侧倾斜。建筑师在有限的展厅内部,通过象征北极光的波浪形前倾的墙面,扩大了展示面,又使观众在视觉上备感舒适。

在材料处理上,展馆内部由不同断面的木材构成,以取得照片与木质背景之间的协调,墙体本身也成为展览的组成部分。此外,屋顶上装设了芬兰生产的压制板制造的螺旋桨,用以搅动空气,起到通风的作用,同时也是一种展品。

第二节　第二次世界大战后经济恢复期的展览会及其建筑

一、第二次世界大战后的社会历史背景与建筑活动

第二次世界大战之后,欧美各国政治形势的变更,经济的盛衰,建筑工业在各国经济上所占的地位,世界上局部战争的连绵不断等都直接或间接地影响到城市的建筑活动和对待城市规划与建筑设计的态度。

尖端科学(化学工业、材料工业、电子工业与计算机、核物理学、原子能利用、人造卫星与宇宙飞船的发展)在战后发展的日新月异及其对工业的影响,也在强烈地影响着建筑。另一方面,战后技术至上思想的泛滥、工业生产无政府状态的高速增长,也加深并恶化了原来就已经够严重的城市问题、污染问题,甚至产生了对人权、人身的侵犯问题,强烈地影响到城市与建筑的发展变化。

由于各国政治与经济条件不同,思想与文化传统不一,对建筑的本质与目的看法不同,各地建筑发展极不平衡,建筑活动与建筑思潮很不一致。

欧洲的现代建筑派由于比较讲求时效,对战后恢复时期的建设较为适宜;

同时，一批曾经接受 20 世纪 30 年代从欧洲移民的英国与美国的学术权威教育与影响的青年已经成长。因此，现代主义在战后不仅普及欧洲，并"深入美国的生活现实中去"。此外，美国的有机建筑也因为其浪漫主义情调与其能增加业主生活情趣与威望、超凡出众的丰富形式，而受到了广泛注意。

现代建筑派在成为社会上的主流思潮的同时也发现了自己的不足。为适应社会上各种人群在生活与活动中不同的物质与感情需要，20 世纪 50 年代后，出现了各种不同的设计倾向，它们虽然表现各异，但事实上是战前的现代建筑派在新形势下的发展。他们在既要满足物质需要，又要满足情感需要的推动下，一方面坚持建筑功能与技术的合理性，另一方面更为重视建筑形式的艺术感受、室内外环境的舒适与生活情趣以及建筑创作中的个性表现。

二、20世纪40～50年代的展览会和会展建筑

第二次世界大战摧毁了欧洲的许多城市，经过战后十多年的重建，欧洲各大城市逐渐恢复元气。在战后的废墟上面对自己、他人和自然，人类开始反思。战后不久，一些商品展销管理公司于 1947 年在杜塞尔多夫市和汉诺威市等地方成立，同年举办了苏联农业展会、汉诺威出口展会、莱比锡春季展会，当时的会展中心并没有基础性规划，展览活动均在已有的建筑中举办（图 4-15、图 4-16）。

中国在成立初期，由苏联支持建造了四座属于展览建筑性质的"中苏友好宫"，分别是上海展览馆、北京展览馆、广州中国出口商品交易会展览馆和武汉展览馆，这些建筑在平面布局方面延续了同一时期苏联展馆的模式，按照功

图 4-15　1947 年苏联农业展览会的展厅

图 4-16　1947 年汉诺威出口展会

图 4-17 上海展览馆

图 4-18 北京展览馆

能划分空间，讲求实用，在立面上采用了苏式建筑的风格。

上海展览馆建成于 1955 年，原名中苏友好大厦，俄罗斯古典建筑风格。该建筑是当时上海市建造的首座大型建筑，也是新中国成立后上海建成最早的会展场所（图 4-17）。建筑坐北朝南，占地面积 8 万平方米。建筑南面为广场，有音乐喷泉，主楼矗立正中，上竖镏金钢塔，金光灿烂；大厦展厅及附属建筑为退台式，南部以序馆、中央大厅、东一馆、西一馆和西二馆组成展览区，北部以友谊会堂和改建后的东二馆组成会议区。大厦后部为近千个座位的剧场以及可容纳五百人的宴会大厅。

北京展览馆建成于 1954 年，是北京第一座大型综合性展览馆（图 4-18）。整个展览馆占地面积约 13.2 万平方米，主要建筑物占地面积 8.85 万平方米，建筑面积 5.04 万平方米。主体建筑以中央大厅为中心，并附设影剧场、餐厅、电影馆，还铺设了专用铁路支线。中央大厅正面大门上部镶有毛泽东主席亲笔题写的"苏联展览馆"五个镏金大字。

武汉展览馆是为 1956 年 5 月 5 日至 7 月 5 日在武汉举办的"苏联经济、文化建设成就展览"而兴建，建成时原名武汉中苏友好宫。全馆占地 10 万多平方米，是 20 世纪 50 年代苏联在武汉市建设的重要标志性建筑。该建筑于 1994 年被炸毁。

这一时期，中国其他许多省会城市也新建了一批展览馆，例如北京农业展览馆、浙江省展览馆、四川省展览馆，它们成了当时展示国家经济发展成就的窗口，代表了城市建设水平。

三、20世纪40~50年代的世博会及其建筑

　　此时的世博会有了新的发展方向，一改战前的倨傲姿态和商业气息，在呼吁"和平"的同时展示技术发展的成就，注重通过大规模的合作进行国际贸易和文化交流。这一时期世博会形成了主题馆、主办国馆、主办国地方馆、企业馆、外国展馆等固定场馆类别，单体建筑强调技术与创新，是对战后恢复期建筑思潮的反映。单纯的几何形体以及恰当的材料运用、新型结构与施工方式的采用，是这一时期世博会建筑的主要特征。

　　1958年布鲁塞尔举办了第二次世界大战结束后全球第一届世博会。世博会举办时间为1958年7月6日到9月29日，主题是"科学、文明和人性"。博览会的场地位于海泽高地，占地200公顷，42个国家参展，各个参展国都以乐观的态度积极倡导和平利用先进技术，克服冷战时期的政治冲突。这届世博会标志着和平利用原子能时代的到来，也表明欧洲已经从战争的破坏中恢复。比利时通过世博会大大提升了国家和城市的地位，成为名副其实的"欧洲首都"，布鲁塞尔也因众多的国际组织在此办公而成为一个著名的国际城市。

　　世博会的展区划分为4个部分：比利时主办国部分、比属刚果部分、外国参展国部分和国际组织部分。场地内有3条街道，6个广场，150座展馆，50个有歌舞助兴的餐馆，5个剧院，3个池塘和7个花园。场地中规划设计了一个具有比利时传统风格的园区，园区内集中复制了比利时全国各省的主要纪念碑标志物，强调国家特色，其中的"老比利时"城区重现了19世纪末该国的面貌。比利时在这届世博会约有40个展馆。

　　为了方便游客观赏宏大的地域空间，主办者设计了高架缆车和快速机动车，还有在专用车道上来回奔跑的运客小火车。为了方便步行者，特意设计了一条长500米、宽25米、高15米的天桥，人们从天桥上可以看到大多数展馆和园区景色。

　　由于建筑师和规划师在规划过程中被排除在外，这届博览会的建筑人工痕迹过于明显，尺度也不够人性化，但是博览会所表现的建筑工程技术的进步和结构创新产生了重大的影响。在建筑设计方面，采用了一定的建筑语汇，特别是通过数字的运用表达了深刻的寓意。该届世博会上建筑名家汇集，建筑流派纷呈，是这一时期建筑思潮的具体体现。如著名建筑师勒·柯布西耶设计了造型自由、独具创意的飞利浦馆；"典雅主义"代表人物爱德华·斯东设计了美

国馆；法国馆被归入"粗野主义"风格；德国馆极具密斯风格；挪威馆则成功地利用了地方性文化和现代建筑语言，并将二者有机结合。

（1）"原子塔"

在经历了"二战"后，每个人对"原子"都有了新的认识，本届世博会设计了这座能向人们显示这些无限小的东西的标志性建筑——"原子塔"。原子塔体现了时代的主体意识，即人类如何和平地利用原子能，如何解决科学技术与人道主义的问题。

比利时有丰富的铁矿蕴藏，铁矿石是比利时重要的出口产品。当时的比利时是欧洲共同体的发起国之一，布鲁塞尔被称为"西欧的首都"；欧共体拥有9个成员国，而比利时国内也划分为9个省。"原子塔"由9个巨大内空的金属球体组成，每个圆球代表一个原子，各球之间由26米长、直径3米的空心钢管连接。圆球与连接圆球的钢管构成一个正方体，正是放大1650亿倍的铁分子的正方体结构（图4-19）。最高球顶达102米，球面采用了5800块三角弧形铝合金焊接而成，9个圆球加上钢架结构总重量为2200吨。

每个球体室内分成两层空间，球体内设展馆和可以容纳200人的会场，还有可供140人就餐的饭店和纪念品商亭。顶层圆球专供游客观赏风景，四周有六面有机玻璃的大窗，并设有多架望远镜，250人可以同时从高处鸟瞰布鲁塞尔的优美景色（图4-20）。"原子塔"中间有一部当时欧洲速度最快的电梯，仅23秒便可把22人送到92米高的顶层圆球。参观完"顶层"后，游客可改乘自动梯到其他圆球。

"原子塔"的设计可谓匠心独具，不仅象征着比利时国家和西欧各国的团结、

图4-19 原子塔全貌

图4-20 原子塔的圆球

联合，也是比利时冶金工业能力和工程技术能力的综合体现。"原子球"建筑不仅展示其与众不同的建筑结构，也把现代建筑美学基础的纯几何形态的原则，运用在现代空间概念的形象设计之中。

在世博会会期，"原子球"内展览国际核能技术，其中有不同的核反应堆模型和一艘3万吨核动力船的模型。另外还有太阳能利用、外层空间展览，内容丰富。在展馆设计、展示布置和展品选择上，都突出科学技术与思想理念的演绎，这与过去的世博会有了很大的区别，同时也成为以后世博会的典范。

（2）美国馆

美国馆是由著名的现代派"典雅主义"代表性建筑师爱德华·斯东和哈登设计。建筑是一个直径104米、高22米的透明圆柱形建筑。该建筑是按照自行车轮的原理建造，采用圆形双层悬索结构，中间是一圆形的箍，以便拉住向四周辐射的悬索。该建筑在结构和空间的关系处理上十分巧妙，底层一圈设置回马廊，既有利于保持屋盖悬索结构的稳定，又丰富了室内空间，使空间形成一定的层次感；屋盖中部为露天的圆形天井，巧妙利用了悬索结构所需要的内环支撑，正对地面的圆形水池，围绕水池布置展品，自然光从轮轴（圆箍）处投射下来，水光呼应，效果十分理想（图4-21）。

建筑外墙为钢化玻璃及聚酯塑料板，用钢管吊挂在屋顶边缘的构件上。建筑外立面的柱子与金黄色的网状结构交织，传统的美学法则与新材料和新技术的结合，使建筑显得典雅、端庄。

（3）德国馆

德国馆的设计极具"密斯风格"，体现了"技术精美主义"的倾向，表现出现代主义的深远影响。其平面由8个大小不等的正方形组成，在空间上形成序列，并结合自然地形将各建筑体块连接成为一个整体，同时也围合成紧凑的外部庭院（图4-22）。

（4）苏联馆

苏联馆是一座占地面积达22000平方米的巨大的平行管建筑。建筑没有基础，悬挂在16

图4-21 1958年布鲁塞尔世博会美国馆

图4-22 1958年布鲁塞尔世博会德国馆

 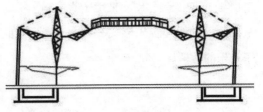

图 4-23　1958 年布鲁塞尔世博会苏联馆　　　图 4-24　1958 年布鲁塞尔世博会苏联馆剖面

座两侧带有悬挑桁架的钢桅杆上。悬挑桁架向两边各出挑 12 米，由桅杆顶端斜拉索拉结，内侧悬桁架承接 24 米高的天窗架，外侧悬挑桁架和拉杆相锚固，形成平衡稳定的整体结构。墙面和顶棚都采用玻璃。钢桅杆与拉杆之间的空间被设计成局部二层，形成内部大空间、外围小空间的格局，大空间作为展览空间，小空间用作管理办公，空间既丰富又合理（图 4-23、图 4-24）。根据规划，世博会结束之后展馆将拆除运回苏联，因此它是一座可以拆卸、预制的建筑。在现场仅一年多便施工完毕。

（5）飞利浦公司展馆

飞利浦公司展馆由著名建筑师勒·柯布西耶设计，引起了公众的特别注意。展馆的外形如一顶帐篷覆盖在地面上，顶部挑起三个尖顶。建筑为扭壳拱墙结构，平面为曲线形，墙面高低错落，屋顶上下起伏。整个建筑物由 12 个双曲抛物面构成，每个双曲抛物面都相互交叠，并由框架的拱肋支撑，充分表现了混凝土的塑性表现力（图 4-25）。银色展馆的外面由池塘环绕，环形池塘上架小桥供参观者进出。

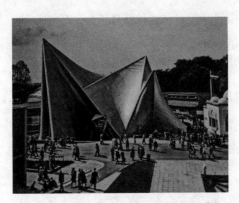

图 4-25　1958 年布鲁塞尔世博会飞利浦馆

建筑内部将色彩、声、光和音乐完美地结合在一起。作曲家瓦列斯为展馆谱写了"电子音乐",把电子噪声和飞机的声音拼贴在一起,在展馆里播放。从此,一种新的音乐形式——电子音乐就此诞生,飞利浦馆可称得上现代电子音乐的襁褓。

第三节 第二次世界大战后经济发展期的展览会及其建筑

一、现代建筑的成熟与新结构、新形式的出现

20世纪60年代,现代建筑已经走向成熟,世界各地包括在建筑业方面起领头作用的欧美各国,城市建筑大多以方盒子式样为主。与此同时,拱、悬索结构、壳体结构等可以创造优美建筑形象的结构形式已经比较成熟。这一时期的世博会建筑设计思想活跃而且极具创造性,有思想、有创新精神的建筑师们踊跃参与世博会的建筑设计,探讨新的结构形式及表现方式,在大空间建筑和新型结构设计方面形成了许多优秀的案例。

二、20世纪60～70年代的展览会及会展建筑

"二战"后,世界各国都着力进行经济建设和发展科技教育,劳动分工越来越细,产品更新速度明显加快,综合性的传统贸易展览会已难以全面、深入地反映工业水平和市场状况。在这种背景下,现代贸易展览会和博览会开始朝专业化方向发展,更有利于反映某个行业及其相关行业的整体发展状况,因而具有更强的市场功能。

1964年,博洛尼亚商品展销会有了固定的举办地点,建筑包括若干单层展厅,围绕着一座十字形中央广场排列。在后来的改扩建中,由于用地不足,新增了若干单层和多层展厅,建筑中设坡道或配置电梯以方便参观者和货运车辆通行。

这一时期莱比锡的展会于每年秋天举办,成为展示东柏林重建的窗口。无论是官方政治宣传照片还是在真实生活中,人们对城市模型体现出极大的兴趣(图4-26、图4-27)。

图4-26　1966年东柏林旧城拆除　　图4-27　1971年地标式电视塔开放之后的东柏林城市
　　　　之前的模型展示　　　　　　　　　　　模型展示

三、20世纪60～70年代的世博会及其建筑

1.1967年加拿大蒙特利尔世博会——大空间建筑形象的创造

该届世博会的主题是"人类与世界"，表达了谋求人类共同进步的理想，反映了加拿大作为当时相对发达国家对全球发展的一种责任意识，也强调了加拿大的繁荣正是依托了全球和全人类。本届世博会体现了更为浓厚的人文情怀，获得了国际社会的普遍认同，使加拿大的国家形象得到了有效的提升。

蒙特利尔世博会举办的时间是1967年4月28日至10月27日。会场面积364公顷，参展国家62个。展区规划结合了城市旧有内陆港区的再开发计划，整个展区包括三部分：第一部分利用了旧的防洪堤；第二部分为原有绿化公园的江心岛；第三部分是根据河道改造要求填埋的人工岛。通过博览会的规划与建设，城市建成了良好的地下有轨交通和水上交通网络，完善的市政设施也给博览会之后的城市开发奠定了必要的基础。

博览会选址在圣劳伦斯河上的圣海伦娜群岛，地域跨度约400公顷，不同展区、展馆群之间距离较远。为此，主办方准备了多种运输方式，除了高速公路、轨道交通、电车等高效率交通工具，还有富有情趣的桦树皮制作的小船、豪华的游艇、轻便的出租自行车、新颖的气垫船等。因此，世博园区内别致的交通方式也成为游客极感兴趣的娱乐活动。

（1）美国馆

美国馆由美国建筑师、工程师富勒设计。建筑采用了短线网格球形穹顶结构，由三角形金属网状结构组合成三角锥形的四面体小单元，与八面体聚合后

图 4-28　1967 年蒙特利尔世博会
美国馆

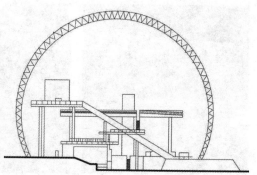

图 4-29　美国馆剖面图

形成可以覆盖都市空间的革新性网状穹顶。该馆直径 76.2 米，高 61 米，为四分之三球体，表面覆盖半透明丙烯酸树脂材料，白天在阳光下闪闪发光，夜晚则灯火通明，就像一个精致漂亮的水晶球（图 4-28）。

该馆的室内空间处理也很有特色，展览集中布置在穹顶下半部，层层叠叠的挑台通过长达 38 米的自动扶梯连接，穹顶上半部空旷纯净（图 4-29）。为了控制室内的热环境，建筑表面安装了自动卷轴的遮阳板，上面装饰着六角形的图案。

美国馆是当时世界上最大的网格球体建筑，以较少的材料形成轻质高强的屋顶，结构用料省，网肋规格整齐，便于施工和装配，很好地满足了世博会建筑的要求，因而成为该届世博会的标志，同时也让世界了解了网架结构的无穷潜力，网架结构因其大跨度和经济性成为大规模空间的首选结构之一。

在美国馆中，最引人瞩目的是仿月球展品，一个高达 37.39 米（123 英尺）的升降梯载着参观者掠过模拟的月球奇境。而大约两年以后，1969 年 7 月 16 日，美国的"阿波罗"登月计划成功实施，宇航员巴兹·艾德林登上月球为人类迈出了历史性的一步，实现了人类几千年来的梦想，也将蒙特利尔世博会美国馆中的"虚拟登月"变成了现实。

（2）西德馆

西德馆采用张拉膜结构的表现手法，摆脱了方盒子的呆板和生硬。该馆由 8 根桅杆支撑着钢索网，钢索网下悬挂着被张拉的塑料网膜。桅杆高度 14 米到 35 米不等，形成了高低错落、极其灵活的建筑造型（图 4-30）。建筑平面也极为灵活，室内空间富于变化。

图 4-30　1967 年蒙特利尔
世博会西德馆

图 4-31　1967 年蒙特利尔世博
会苏联馆

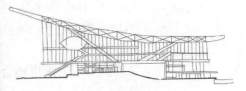

图 4-32　苏联馆剖面

（3）苏联馆

苏联馆体量巨大，利用突出的挑檐和悬挑的楼层，形成夸张的视觉刺激和令人震撼的气势。挑檐高挑轻薄，翩然欲飞；建筑立面利用悬挑楼层形成跳跃的动感（图 4-31、图 4-32）。大面积的玻璃幕墙使其充满现代气息，是蒙特利尔世博会上最有人气的展馆。

（4）加拿大纸浆和纸业馆

建筑采用程式化的松树造型，不同的绿色阴影构成屋顶，类似卡通树林。巨大的建筑造型和空间因此化整为零，每个单元都小巧玲珑。设计者巧妙地利用了造纸业与树林的联系引起人们的兴趣，表达了人类文化与树林密切联系的深刻含义（图 4-33）。

（5）"人类与产品"主题馆

该主题馆是本届世博会上的最大馆之一。设计采用化整为零、以少聚多的处理手法，将庞大的建筑体量和大面积的开放空间分割成相对较小的单元。建筑立面的基本单元为六边形与三角形构成的菱形组合体，图形中部配以不同的装饰材料，形成虚实对比。各单元体之间以层层叠叠的钢架贯通，打破了大体量的沉重压抑感（图 4-34）。

图 4-33　1967 年蒙特利尔世
博会加拿大纸浆和纸业馆

图 4-34　1967 年蒙特利尔世博会 "人类与产品"主题馆

该馆的平面设计与造型设计相呼应，采用水平线 60° 斜线和 120° 斜线相交形成控制线，构成统一的有规律的平面形式。

2. 1970年大阪世博会——"新陈代谢"派和膜结构建筑

1970 年大阪世博会是自 1851 年伦敦世博会之后，第一次在亚洲召开的世博会。本届世博会主办城市大阪为亚洲第一个举办世博会的城市，世博会主题为"人类的进步与和谐"。20 世纪 70 年代，交通和通信的发达，使世界已变得越来越小，发明创造已无需在世博会上得以张扬、传播。本届世博会认为应将重心放在人类的精神生活上，使世界博览会成为一个"世界文化的盛大节日"。自大阪世博会起，几乎每个参展国家都在各自的国庆纪念日举行馆日庆祝活动，来自世界各国的嘉宾们欢聚一堂，传递信息、合作交流、增进友谊，各种不同的文化活动为世博会增添了喜庆的色彩，这项开创也成为以后世博会的保留节目。日本通过大阪世博会进一步打开了国门，为重新融入国际社会作出了有效的努力，也为世博会的发展作出了贡献。

世博会场地选址位于大阪市郊约 15 公里的千里山丘陵地带，场地面积约 330 万平方米。展览空间分为地下、地上、空中三个层次。"干"字形结构将主入口延伸到南面，中轴线上有节日广场和不同主题展馆，国际市场和计算机信息控制中心和行政楼区，主干道东部、西部是不同参展国展馆区。

世博园展区规划以七个广场为集散地，将日本国家展区、日本企业展区和外国展区三大类展览空间有机切分和贯连，每个广场以日文一星期中每一天依次命名，给人以时间上的循环和次序。园区中有占地约 20 万平方米的"日本花园"，分为"田园""风雨广场"和"记忆森林"三大部分，寓意和平和宁静，也寓意人与自然的和谐与进步。

世博会园区交通中，安排有 4.2 公里的环园轻轨铁路，园区主要大道上设计有 3.5 公里封闭式自动人行道高架桥，并为母子和残疾人安排了专用车厢。此外，还有 30 米高的室外缆车，33 个球形吊舱，每个载量 15 人，不停地在园区循环。

日本政府指派当时日本现代建筑领军人物、著名建筑师丹下健三为总规划师，并邀请了前川国男、黑川纪章、村田丰等著名建筑师和设计事务所参加总体规划和建筑设计，通过竞赛的方法选拔出优胜方案，因此 1970 年世博会的建筑可以说是百花齐放，出现了在建筑造型、空间、结构、材料等方面均在世界建筑史上占一席之地的建筑，稀奇古怪、形态各异的展馆建筑直接冲击人们的视觉，更显现出主题和创新的时代精神。本次世博会不仅是现代建筑的实验场，也是日本当代建筑发展的先声和契机，以丹下健三为首的日本建筑师从此活跃在国际舞台上，并最终确立起日本当代建筑和日本建筑师的国际地位。

A."新陈代谢"派建筑

由日本建筑师丹下健三和黑川纪章等提倡的新陈代谢主义建筑是本届大阪世博会的主流。新陈代谢派将生物的新陈代谢原理应用到城市和建筑上，强调事物的生长、变化与衰亡，极力主张采用新的技术来解决问题，反对过去那种把城市和建筑看成固定的、自然的进化的观点。他们通过对生命周期和循环的分析，探求一种将不断更新变化的设备部分和能够长期使用的巨大结构体分开的设计方法，提出了一种能够不断生长和适应的结构，以应对日本人口密度过高的压力。

（1）东芝馆

东芝馆的设计师是黑川纪章。他认为将一座建筑解构成一个个基本组成部分，再将它们自由组合起来，是信息时代建筑的表现方式。东芝馆用钢结构表现生长的生命，预制钢结构构件组合成约 55 米（180 英尺）高的塔，用焊接钢板制成的 1500 个四元组单元按不同的方向布置，焊接组合，可以产生无穷变幻的形式（图 4-35、图 4-36）。

（2）宝美馆

黑川纪章还设计了由美容院座椅制造商赞助的宝美馆，主题是"美的欢

图 4-35　1970 年大阪世博会东芝馆

图 4-36　东芝馆细部

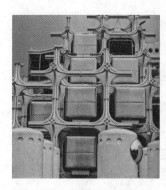

图 4-37　1970 年大阪世博会　　　图 4-38　宝美馆细部
　　　　　宝美馆

"悦",这是由钢管和模数化的舱体单元按照未来可能的扩展方式建造的(图 4-37、图 4-38),钢管和舱体自由组合,在一周内现场安装完成。

B. 膜结构建筑

当时的建筑师们对新型的膜结构十分感兴趣,并进行了大胆的尝试。由于膜结构具有自重轻、移动及拆卸方便、造型丰富、平面空间布局灵活等优点,符合世博会对于临时性建筑的需求,因此膜结构在本届世博会上得到了广泛的应用,其丰富的造型、材料的组合、梦幻的空间、灵活的平面等对建筑设计产生了革命性的冲击。

(1)美国馆

美国馆采用了大跨度缆绳增强充气薄膜结构,平面为低矢高椭圆形,长约 141 米,宽约 80 米。建筑下沉地面 6 米,因此建成后像是地面的一部分,充气的屋顶像是一床大羽绒被。建筑周围做成 7 米高左右的倾斜堤坝,上面覆以绿化,避免建筑由于体量巨大而产生沉重、压抑的感觉。

美国馆是历史上为数不多的以高速度和低成本建造的创新性充气建筑。建筑外周为压力环,屋顶膜结构由钢管和充气支撑。膜材料为玻璃纤维敷聚氯乙烯涂层制品,自重仅 5 公斤／平方米,可承受 150 公斤／平方米的风荷载。整个屋顶重量仅有 60 吨重,空气被吸入穹顶中,产生气压,建筑通过交叉的斜拉钢缆绳阻止屋顶的浮力。该馆的建成标志着一种崭新的结构形式——索骨架大跨充气屋顶的产生(图 4-39)。

展馆内部像气球般胀开,由于白天室内缺乏阴影变化,在墙面上安装了镜子形成反射效果,使内部视觉效果十分有趣。展台布置顺应了屋顶钢索的菱形构图,上下呼应。屋顶的玻璃纤维织物透光率达 7%～15%,白天可为室内提供充足的光线,夜晚的人工照明则使展馆显得轻灵飘逸(图 4-40)。

(2)富士公司展馆

富士馆的平面为圆形,建筑面积 3500 平方米;采用了充气膜结构,依靠空间的超压升起作为屋盖的支撑,跨度达到 50 米。

建筑支撑结构由 16 个直径约 4 米、长 78 米的高张力尼龙帆布圆管组成,

图 4-39　1970 年大阪世博会美国馆

图 4-40　1970 年大阪世博会美国馆室内

图 4-41　1970 年大阪世博会富士馆

图 4-42　1970 年大阪世博会电器通信馆

圆管中注满空气，用线固定在地基上，16 个圆管彼此相连，在同一个圆周上弯成挠度不同的拱形，由两层尼龙帆布做成的覆盖体固定在拱顶上，78 米长的空气电子束在沿拱顶以 4 米间隔排列，其强度可以抵御台风。

虽然气胀式膜结构受单个膜构件的限制，无法形成超大空间，但是在建筑形象、平面形式、空间塑造方面却有很大的发挥余地。富士馆以圆形规则的平面塑造出不规则的造型和空间，被称为"香肠馆"，体现出膜结构覆盖空间的自由和随意（图 4-41）。

（3）电器通信馆

电器通信馆是一个复合体建筑，长 120 米，宽 13 米，高 25 米，面积 3800 平方米。建筑由黄色帐篷等候层、引道、三角形广场、无线电话室和展厅组成。游客通过自动扶梯从等候层进入引道，在 180 米长的走廊两边布置着关于人类与通信之间关系的展览，之间还有"儿童空间"和"人类声音空间"，激发参观者的兴趣，并打破长廊的单调。展示空间表面为可伸缩的龙型钢骨架帐篷，属于骨式膜结构（图 4-42）。

第四节　20世纪70~80年代的展览会及其建筑

一、建筑的多元化发展以及生态设计的出现

进入20世纪70年代后，世界建筑呈现出新的多元化的局面，现代主义一统天下的局面逐渐被瓦解，后现代主义、解构主义等各种建筑流派纷涌而起，从现代主义的强调技术与理性转向对人文的关怀。随着建筑技术向前发展，高技术为建筑所带来的变化已经超越了美学层面，对整个设计方式甚至人类生活的建造提出了新的挑战。

在科学技术进步以及生产力飞速发展的同时，人们认识到了其生存和发展所面临的人口剧增、资源过度消耗、气候变暖、环境污染以及生态破坏等一系列重大问题的严峻挑战。在这样的情况下，"生态"问题，被作为人类对目前生存状况的最真切的忧虑而提出。1969年，著名景观建筑师麦克哈格（Ian. L.McHarg）《设计结合自然》（Design with Nature）一书的出版，表明了生态学在建筑领域的应用与发展的开始。1970年代，全球性石油危机爆发，催发了世界范围内对于生态环境问题的重视及对当时生活消费方式的反思。从此，世界建筑的发展进入了崭新的历史时期。生态建筑思想传承了现代主义理性、解放的本质特征，而摒弃了其被上升为"理论"的意识形态负担，成为当代建筑设计的基点，使当代建筑开始向着体现当代人智慧的人与自然的可持续发展方向迈进。

1995年，从事生态与可持续发展研究的荷兰建筑师西蒙·范·迪·瑞恩（Sim Van der Ryn）与斯图亚特·考恩（Stuart Cowan）合作完成了《生态设计》（Ecological Design）一书，揭示了以生物界与人类作为设计的基础，如何运用生态学原理求解其共生融合的方法和途径。生态设计的终极目标是追求环境效益、经济效益与社会效益的有机统一，根据西蒙·范·迪·瑞恩和斯图亚特·考恩提出的生态设计原理，生态设计的原则包括以下几个方面：

（1）地域性：包括对地方气候及地理环境的回应，及对地域文化的关注。

（2）保护与节约自然资源：合理正确地利用自然资源，减少常规建筑能源的消耗。重视对太阳能、风能等资源的利用，对雨水资源进行收集和再利用等。

（3）可持续发展：立足于现实，并着眼于未来的新发展，倡导既满足当代

人的需求又不能危及后代人利益的新的发展模式。以关注环境和承担环境责任的态度从事设计，将建筑作为整个生物圈物质与能量循环交换的一部分，以整体的观念来看待建筑设计，处理好建筑与整体生态环境的关系。

（4）经济性：以全面的眼光看待建筑在一定的生命周期内，包括建筑造价与运营消耗在内的各种因素，既不以单纯降低建造成本为目的，也没有必要特别依靠昂贵的设备和材料节约能源。

二、20世纪70～80年代的会展建筑

随着经济的发展，商品交易活动需要有规模更大、设施更为齐全的展览建筑为其服务，西方各大城市之间展开竞争，纷纷投资建设大型会展中心。这个时期交通物流更加方便，参观者范围更加广泛，纯粹为会展活动而设计的会展中心产生了。这些会展中心与当时会展活动的行为特征密切相关。

1.英国国家展览中心（1976年）

英国国家展览中心位于伯明翰市，1976年建成。建筑场址地处国家公路网的交叉点，附近有连接伦敦和西北英格兰的铁路通过，陆路交通方便；展览中心设有直接通向西边的爱尔敦航空港的专用车站站台，航空运输也很便捷。地段北、东、南三面设停车场，西北角有大型仓库。

展览中心面积共29.3万平方米，包括大小不同的六个展厅，均为单层，展览面积共9.3万平方米（图4-43）。一号至五号展厅相互连通并围绕中心回廊布置，六号展厅则单独布置在主要入口一侧，用于展出本地展品或新产品，还可兼作4000人的会议厅。五号和六号展厅南面设有两处室外展场，面积达1万多平方米。

展览厅为简单的立方体形，主要由展厅组成的整个建筑物尺度巨大，南立面长达1/4英里，只有在飞机上才能看清全貌。一号至五号展厅的外墙面分三段处理：下段为高5.5米的钢筋混凝土预制板，中段是乳棕色波纹钢板，上段为高约3米的黑色镀铝框带形窗，镶灰色反射玻璃。六号展厅外形简单，东面为灰色反射玻璃幕墙，反射出周围的环境，并与主体部分形成对比。

各展厅以不同的颜色编号作为标识。每个展厅外墙上设有37个车辆出入口，每个入口足以通过两辆双层公共汽车。每个展厅都设有独立的前厅、售票

图 4-43　英国国家展览中心鸟瞰

图 4-44　英国国家展览中心展厅庭院

处和办公室等。经理办公室位于高处，用玻璃隔断围合，以便监视全厅活动，同时控制着全厅的灯光、空调和其他服务设施。

建筑中心回廊是乘坐火车或飞机来的访客参观展览的必经之路，同时也布置着各种必要的设施供参观和展出使用。中心回廊围绕着两个庭院，形成环境优美的室外景观（图 4-44）。

2.米兰国际会议和展览中心（1980年）

伦佐·皮亚诺于 1980 年设计的米兰国际会展中心被称为真正意义上的会展建筑的先驱。建筑位于米兰市区的西南边缘，并率先采用了双梳式布局，自此以后，新建的会展中心大都参考此种模式并将其加以变形应用。

该设计的主要特点是模块化展厅，以及参观者和参展商各自独立的流线。独立展厅位于主轴线的任意一侧，其间穿插着服务设施庭院，这些庭院在搭建与拆卸活动设施时可供车辆进入（图 4-45、图 4-46）。

项目设计体现了对现代会展中心需求的绝佳处理，每一个模块单元都有独立的出入口和服务设施，可用于举办种类繁多的活动，并能够适应不断变化的市场需求。模块化设计将紧急逃生出口的安全距离降至最短，并通过简化展览布局及搭建、拆卸过程来节省时间。模块化体系还可以采用预制构件，并为参展商提供标准化建筑技术设施、供电及其他供给设施。

此种布局的优点如下：

（1）不同类型和规模的活动可以同时举办；

（2）可以简单、快速地搭建和拆卸展台，不影响其他活动的举办；

（3）展览空间和服务设施灵活实用，战略性的布局使室内展览空间极具吸引力；

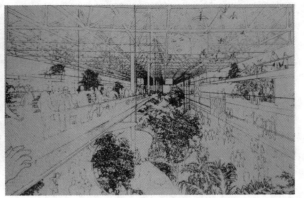

图 4-45　米兰国际会展中
　　　　 心总图

图 4-46　米兰国际会展中心庭院

（4）参观者路线明确、导向性强；

（5）私家车辆与公共交通通行方便，互不干扰。

所有展览空间布置在同一个水平面上，避免了复杂的竖向交通及繁复的承重结构。一条轴线将整个模块化建筑结合在一起，大大提升了通行的便捷程度。展厅内部还可满足客服、餐厅等功能需求，极大地满足参观者的需求并具有多样性。

3. 纽约贾维茨展览和会议中心（1986年）

贾维茨展览和会议中心建成于 1986 年，总建筑面积约 16.7 万平方米，总投资 3.75 亿美元。

建筑平面基本上呈矩形，由 27.43 米 ×27.45 米（90 英尺 ×90 英尺）柱网组合成的正方形空间网架构成。平面上从东到西共计前后七跨，将前厅、展览空间、卸货场地包含在一个大空间内。展厅分为上下两层，内部可依据各种使用上的需要灵活进行空间划分。自动扶梯、供展厅使用的办公室、会议室和卫生间设于前厅与展览厅之间；电梯、贮藏、机修等辅助用房设于展厅与货运通道之间，功能安排合理，人流、货流路线简洁、明确、有效率，也便于紧急情况下的安全疏散。

设计师打破了以往会展建筑立方体黑匣子的形象，更为注重建筑与城市风貌的关系，从外部造型到内部空间进行了创新，整座建筑以透明的玻璃幕墙围合，以一个全美国最大的空间网架来支承，就像是一座巨大的水晶宫，对纽约城市面貌产生了很大的影响（图 4-47）。这座展览会议中心建成之后，吸引了

图 4-47　纽约贾维茨展览和会议中心外观　　　图 4-48　纽约贾维茨展览和会议
中心室内

美国及世界贸易界人士的注意，纷纷来到纽约这座世界贸易交流的最大城市，
与会议中心签订租借合同。

　　建筑的正立面南北向延伸长达 305 米，侧立面东西向延伸达 220 米。在
这个水晶宫的入口中央部位布置了一个高达 45.7 米的中央大厅。中央大厅向
西伸展出一个位于展厅顶部的长达 110 米的中央画廊，画廊的西部尽头为一
个宽敞的可观赏河面景色的大厅（图 4-48）。整座建筑充满了"高技派"现代
感及激动人心的内部空间，为城市景观提供了新的动人的形象。

三、20世纪70～80年代的世博会及其建筑

　　从 20 世纪 70 年代开始，人与自然需要和谐发展的意识开始复苏，世博
会的主题也立即转向这方面，1974 年还在美国的斯波坎举办了第一届以环保
为主题的世博会，之后，能源、园艺、水源等主题词频繁出现在世博会上。
1985 年的筑波世博会将人居环境与科学的关系引入人们的思考当中，引领了
当时的时代潮流。

1.1974年美国斯波坎世界博览会——保护环境主题的展现

　　这是一次前所未有的世博会。从此以后，展现人类现代化成就的世博会开
始转向关注环境问题。斯波坎作为美国的中小城市，在同整个美国一起经历了
20 世纪 50～60 年代城市绿化萎靡的危机之后，面对巨大的人流涌动、拥堵
的交通状况、污浊的空气质量，于 70 年代开始筹划举办这样一次以环境问题
为主题的国际盛会。斯波坎的政府官员和企业开始重视河流污染问题，并开始

制定改造计划。参展的 11 个国家和地区从各自的角度对世博会的主题"无污染的进步"进行了诠释,流水、森林、废电器等都第一次成为世博会上的展品,而世博会园区最重要的展品,就是斯波坎的瀑布,水花迸溅、连山喷雪,令远方来客印象深刻。这届世博会被联合国确定为第一个"世界环境日"活动的主办地,6 月 5 日世界环境日也始自斯波坎世博会。

斯波坎世博会的选址意在治理斯波坎河,美国馆设在河中岛上,世博园区在闭幕后成为独具特色、引人入胜的游乐园——"河滨公园"的核心。斯波坎河曾在当地工业发展时期遭到污染,本届世博会的建设,彻底治理了斯波坎河的污染。加拿大鹅是在北美洲广泛分布的水鸟之一,此前一直不愿在斯波坎栖息,当世博园建成后,这些敏感的生灵不请自到,在清冽的斯波坎河上筑巢安家。

虽然 1974 年斯波坎世博会没有留下标志性建筑,也没有展出惊世骇俗的展品,但斯波坎世博会触及了国际社会面临的最严峻的问题——环境保护。这次世博会不仅为这座城市重新带回了干净的护城河——斯波坎河,也给全世界带来了新的环保观念:健康的环境,无污染的生存空间需要人类共同去维护,更需要人类去积极创造,这才是人类文明真正的进步。

2. 1985 年日本筑波世界博览会——结构技术高超的纯净几何体

本届世博会于 1985 年 3 月 17 日至 9 月 16 日在日本科学城筑波举办,46 个国家和 37 个国际组织参加展出,日本各大公司组织了 28 个馆参展。世博会的主题是"人类、居住、环境与科学技术",主要目的为加强国际科技交流与合作,反映 21 世纪科学技术的发展方向。

世博会选址在日本科技新城筑波,这是一座以科学研究、国际交流、教育为特征的科学城。世博会场址位于筑波科学城的研究学园区。日本政府投入大量资金用于会场建设、环境整治和基础设施建设,促进了筑波从原来的科技卫星城向地区中心城市的转变,摆脱了原来过于单调的科技研究色彩,增加了人文和商业气氛,提升了地区活力并带动了周围地区的发展。

场地总平面设计未采用分区布局的形式,而是采用向心式布局。日本政府设立的场馆(主题馆、历史馆、儿童广场等)位于场地的最中间,结合大片绿地;国内各大企业馆位于最外边缘;二者之间为国外场馆。园区内交通枢纽及服务性设施参杂,均匀布局。

　　本届世博会的场馆建筑设计切合高科技主题，向人们展示高科技创造的未来人居生活，大多采用外形简单但结构技术高超的几何形体，造型简单，表现出当时社会正处于注重科学、讲求效率、强调个性的时代。建筑色彩大多为纯净的单色，运用得体，将世博会张扬、夸张的独特个性淋漓尽致地体现出来。

　　A.单一几何体建筑

　　（1）住友馆

　　在镜面玻璃为表皮的建筑物上用明黄色的大尺度正方体框架加以点缀，挖掘其通透、活泼的特点，使建筑增加了腾跃的气势（图4-49）。

　　（2）三菱馆

　　三菱馆以直角三角形为母题，将两个大小不一的直角三角锥倒立，三角形的斜边出挑，表面的玻璃将地面上的人群倒映出来，形成动感和戏剧性效果。

　　（3）三井馆

　　由黑川纪章设计，主题为"人与科学、人与自然，它们之间的美妙关系"。白色钢框架的建筑物和蓝色的圆锥体使建筑高耸而醒目（图4-50）。

　　B.组合几何体建筑

　　（1）IBM公司展馆

　　黑川纪章设计，主题为"心怀科学——21世纪的遗产"。在正方形平面上放置了一个削掉四分之一的球体，球体外围为三角锥形框架，以纯净、夸张的形象夺人耳目（图4-51）。

　　（2）机器人剧场

　　以银河系中漂浮的地球为造型依据，以两端高度逐渐降低的扇形实体墙面围合中心球体，极富感染力（图4-52）。

图4-49　1985年日本筑波世博会住友馆　　　　图4-50　1985年日本筑波世博会三井馆

图 4-51　1985 年日本筑波世博会 IBM
公司展馆

图 4-52　1985 年日本筑波世博会机器人剧场

（3）汽车馆

该馆为日本自动车工业会的场馆，主题为"寻求自由的灵活性"。圆柱体主体建筑周围以螺旋形通道环绕，建筑最外围是矩形框架，形成强烈的虚实对比。夜间白色圆柱体墙面可作为屏幕，映出各式汽车的影像。

本章图片来源

图 4-1,图 4-2,图 4-6,图 4-7,图 4-10,图 4-15,图 4-16,图 4-26,图 4-27,图 4-45, 图 4-46　[德]克莱门斯·库施：会展建筑设计与建造手册 [M]，秉义译，武汉：华中科技大学出版社,2014。

图 4-3　http://www.sgst.cn/zt/sbzt/sbkp/201003/t20100324_475797.html

图 4-4, 图 4-5　张颖、田丰：亚历山大·罗德钦科与1925年巴黎世博会苏联馆家具设计 [J],艺术生活 - 福州大学厦门工艺美术学院学报,2016年第1期,第40-43页。

图 4-8, 图 4-9, 图 4-39~ 图 4-41　郑时龄、陈易：世博与建筑 [M]，东方出版中心，2009。

图 4-11~ 图 4-14, 图 4-19~ 图 4-23, 图 4-25, 图 4-28, 图 4-30, 图 4-31,图 4-33~ 图 4-38,图 4-42,图 4-49~ 图 4-52　[美]安德鲁·加恩、保拉·安东内利、伍多·库尔特曼、斯蒂芬·范·戴克：通往明天之路(1933-2005年历届世博会的建筑设计与风格) [M]，龚华燕译，中国友谊出版社，2010。

图 4-17　https://dp.pconline.com.cn/sphoto/list_1876387.html

图 4-18　http://www.mafengwo.cn/i/5464964.html

图 4-24、图 4-29、图 4-32　蔡军、张健：历届世博会建筑设计研究:1851 ~

2005[M]，中国建筑工业出版社，2009。

图 4-43、图 4-44　爱德华·D·米尔斯：国家展览中心（英国）[J]，世界建筑，1985 年第 3 期，第 34-37 页。

图 4-47，图 4-48　纽约贾维茨展览和会议中心（美国）[J]，世界建筑，1987 年第 5 期，第 34-37 页。

第五章

当代会展业及会展建筑的发展

第一节　当代展览会的变革及会展活动的特征

一、当代展览会的变革

20世纪90年代以来，伴随当今世界第三次科技革命和经济全球一体化趋势的不断发展，展览业再次呈现出新的历史变革。这次变革表现为：

（1）展览会的目的越来越强调市场开发、商贸交往和信息沟通；

（2）展览会的题材越来越集中化、专业化；

（3）展览会的内容由传统的综合型展会开始向专业型展会逐步演化，越来越趋向于对行业最新发展成果进行展示、宣传和交流；

（4）展览会的形式从单一的展览活动开始向展览和会议活动交互发展的方向转变。

上述这些方面的变革意味着当代展览业已步入会展业这一更高的历史发展阶段。随着当代会展业在产业化道路上的大踏步式发展，当代会展活动越来越专业化、规模化、国际化，对城市经济建设产生了巨大的拉动效应。另一方面，当代会展活动受各种新思潮、新技术、新材料的推动，其举办形式与展示手段层出不穷，发生了革命性的转变，从而使会展建筑必须在诸多技术领域和形式上有所发展，有所革新。

二、当代会展业及会展活动的特征

伴随全球经济、社会观念、科学技术的发展更迭，当代会展业、会展活动的内在特征产生了诸多方面的变革：如会展业规模的持续增长、会议与展览活动的交互发展、展会中展陈手段的飞跃性突变以及会展经营管理的市场化、专业化趋向等。这其中，相当一部分特征对于会展建筑的发展有着深刻的影响作用。

1. 庞大的展会规模

在全球经济一体化发展趋向的推动下，国际的产品制造、贸易往来开始逐步渗透，相互开放，形成了经济、技术直接面向全球资源和全球市场发展的宏观态势,会展业的发展空间也因此而开始跨越地域的束缚;另一方面,各国生产、销售、服务行业之间的竞争态势日益激烈，随着新技术、新产品不断推陈出新，大量生产、研发、销售企业越来越需要借助成本较低、收益较高的展览会形式，进行市场宣传并加强行业联系。在此背景下,当代会展业日益显现出向产业化、规模化、集中化方向发展的大趋势。这种趋势反映到展览会的形式上则是:

（1）世界范围内各主要会展城市所办展会的总体规模日趋扩大;

（2）单届展览会的规模向巨型化方向发展;

（3）展览会中，参展企业机构的展出面积大大超越从前的水平，直接导致展会规模成倍增长。

因此，当代会展建筑与从前的同类建筑相比，在总体规模上越来越庞大，在单个展馆的空间体量上愈来愈巨型化。

2. 多元的展示需求

当代展览会从展示内容上划分，大体上包含综合型展览会和专业型展览会两大类型。综合型展览会是指展示全行业或数个行业的产品、技术的展会，如工业展、轻工业展;专业型展览会则是指展示某一类行业的成果或者某一种产品的展会，譬如汽车展、服装展。

在专业型展会演变为主流展会的同时，当代展会的展示内容亦呈现出十分多元化的发展动向。各种行业的产品，各种尺寸、重量、形式的展品，都要求能够在会展场馆中予以展示。对此，当代会展建筑必须在展示空间高度、规模大小、结构形式、货流运输等重要特征上，具备灵活适用、易于使用的特性，以满足各类展品的展示与运输需求。

在全球经济一体化的当今时代，生产、研发领域的国际分工与产品销售领域的专业化发展，直接导致专业型贸易展览会数量大幅增加，而这类展会又常常伴随有相关题材的讨论会、报告会、发布会、推介会等专业性会议活动。因此，当代会展建筑融展览馆、会议厅（室）于一体成为必然趋势。

3. 系统的设施配置

当代会展活动的举办是一项系统化的工程。展览会的举办不仅需要做好各项前期准备工作，更要求会展活动所在城市必须拥有完善的基础设施条件、能够提供优质化的综合服务，并且积极与展会主办方建立良好的合作机制。具体来说，这个系统的组成要素包括：

（1）必须具备专业化水准的会展场馆，这是举办会展活动的重要前提。

（2）城市必须建立起完备的交通基础设施，并制定有效的交通管理措施，以应对展会期间所产生的庞大的交通运输需求。它包括建造机场、火车站、港口等重要交通枢纽设施；修建快速道路、高速公路等重要交通干线，条件允许时应优先发展轨道交通等大容量的公共交通运输系统；制定合理有效的临时性交通管制措施以维护展会期间交通运输的顺畅。

（3）需要拥有完善的综合配套服务设施，为展会期间派生的各项功能需求提供服务，如酒店设施、餐饮设施、商业设施、广告制作、新闻转播、票务预订、邮电通信等。

（4）应当建立完备的机构组织来处理和应对会展活动中的各项事务，譬如展台装修审批、展品海关登记、商品检验检疫、展会信息咨询等。

（5）为确保公众安全，城市有关部门还必须协同展会场馆经营管理机构，为展会制定缜密的安保、医疗、消防措施以便有效处置恐怖主义活动、流行性疾病以及火灾突发性危机事件。

为了使上述复杂、多样化的功能设施能够在展会期间系统地发挥效用，保障展会顺利召开，当代会展建筑必须合理解决规划选址、功能布局、流线组织、空间组合、环境景观以及设备配备等重要问题。同时，当代会展建筑的场馆空间还应当具备高度灵活的使用性，从而为各项功能设施的不断发展、完善留有余地。

4. 复杂的展会交通

当代会展活动举办规模的不断扩展，令展会内部和外部的交通环境日趋复杂。

（1）布展阶段

在布展初始阶段，国内参展机构的物品一般经由高速公路或者铁路、航空、水运等交通方式进入会展城市，之后再借助城市快速道路运入会展中心；海外参展商的参展物品则需要增加申请报关入境手续，然后再借由市内快速干道运抵会展中心。在这之后，上述展品将通过会展中心的内部货运通道运送至各展览区或临时堆场。在正式布展时期，由于与展会相关的各类机构都会派遣工作人员赴布展现场开展管理、监督或施工工作，因而，会展中心内外又会再次出现大量车流、人流。

（2）展示阶段

在展会正式开幕阶段，会展中心在短时间内人员大量聚集，参展商、专业买家、观众及各种车辆从各方汇集到会展中心内，使其内部和外部的交通流量大幅上升。此时，大量人流和车流的共存会使展会交通环境的复杂程度达到极限状态。因此在一些大型国际会展活动举办期间，会展中心内常常需要同时停泊近万辆各类社会汽车，需要解决数以万计的车辆同时进出会展中心这个难题。此外，由会展活动派生出的各类商业需求又会吸引大量展会以外的商业服务人员聚集在展会现场内外，必然会进一步加剧展会交通状况的复杂性。

（3）撤展阶段

在展会结束阶段，撤展工作引发的交通行为又会令布展时期曾经出现过的交通状况倒置重现。

综上可见，布展、开展、撤展三个阶段几乎决定了展会的所有交通问题。在这三个阶段中，各种人流、物流、车流高度集中并存，其总量的增长和展会的举办规模成正比关系。复杂、繁忙的展会现场交通环境对于现代化会展中心的交通组织管理、基础设施建设提出更高的要求，正因如此，交通组织问题是决定当代会展建筑规划选址、总体平面规划与空间设计的关键因素之一。

5. 革新的展陈方式

在当代展览会中，展陈设计理念和表现手法的历史性跨越，是决定当代会展建筑发展趋势的另一个重要因素。

早期的展览会采用标准化展示摊位（国际标准为3m×3m见方的空间）作为展示产品最为常用的手段。在竞争日趋激烈的现代商业社会中，参展企业为了达到与众不同和吸引观众的目的，纷纷在产品展示方式和展台的外观设计上引入高新技术材料与前卫概念，投入巨大的财力和物力加以包装。

在后工业时代，消费主义的盛行更进一步促进了上述趋势的发展，以前由简单技术、普通材料装扮的展示设计手段已经落后，绝大多数产品和信息的宣传、包装均采用了高科技、新材料、新概念，以立体化、生态化、媒体化、动态化、舞台情景化的崭新模式出现在观众的眼前。而观众在展会现场也可以通过视听享受、空间体验、亲自触摸等方式来尽情满足个人喜好，并与产品及商家建立良好的互动沟通。因此，在新时期的展览会中，展陈设计的形式、手段、理念均显现出了"质"的飞跃。

从另一方面来看，由于经济、文化、科技交流日趋频密，展会中国际、城际会议活动也越来越有赖于视频传输、同声翻译、多媒体等先进技术的辅助，因此会议活动的形式亦开始改头换面，展现出高技化的发展动向。

针对上述展陈形式和会议形式的变化革新，当代会展建筑必须构建一个专业化、具有高科技含量的举办平台，以适应当代会展业、会展活动的变革与需求。

第二节　当代会展建筑的发展趋向

当代会展业和会展活动的跨越性变革，对会展建筑的发展产生了关键性的作用。它们不仅使会展建筑自身实现了由量变到质变的飞跃，更赋予会展建筑推动城市多方面发展进步这一长远目标。在会展业发展需求的带动下，当代会展建筑的尺度规模、建筑体量、屋顶轮廓、平面形态、界面形式、色彩材质、绿化环境和交通组织对城市空间形态、建筑天际线、环境品质、交通通行状况开始形成显著、深远的影响。当代会展建筑成为左右城市发展、成长的重要因子，其发展趋势更为多元和宽广。

一、总体规划的因地制宜

1. 建造模式与规划选址

随着当今会展业新一轮的快速增长，世界范围内掀起了建设会展建筑的新高潮。各地区、各城市依据当地会展市场的成长状况，会展业和会展建筑所处的历史阶段、基础设施条件等，在新场馆的开发建造上形成了多样化的发展模式，并在规划选址上考虑到发展用地的充足性、交通条件的便利性，以及配套设施的完善性，追求会展建筑同会展业及会展城市达到共赢的发展目标。

（1）新建模式

对会展业处于起步阶段的城市来说，由于缺乏会展场馆设施，大都将建造新场馆作为主要发展模式；而那些发展会展业有一定历史的城市，因其原有场馆无法适应会展业的发展规模，同时缺乏扩建用地，也开始易地新建会展中心。

新建会展建筑大都坐落于用地宽松的城市远郊，大多位于城市开发新区、城市重要景区等，可以为大型会展建筑提供充裕的发展用地；新建场馆的建造标准和现代化水平都很高，但是它们共有的问题是城市远郊的各项配套设施建设速度较为缓慢，因而这些新建场馆在运营初期往往难以摆脱配套服务设施短缺现象的制约。因此可将会展建筑作为新区发展的带动项目以及为城市会展业和旅游业的协同发展创造条件，提高周边各项配套服务设施的综合利用水平。

还有一些新建会展建筑选址于城市废弃场地，通过对其再开发激活发展潜力，并可充分利用原有的各项设施，对城市旧区的更新具有多重益处。

（2）改建及扩建模式

一些会展业发展历史悠久的城市通过对现有的老旧场馆加以现代化改造，来扩充建筑面积并提高设施水平。这种自我更新式的不断改建，既可以使会展中心适应展会的发展需要，又能够充分利用原有的设施以便于节约造价、减少建筑垃圾，从而实现建筑物的可持续性发展。例如德国柏林会展中心，它的许多展览设施都是在原有基础上改建完成的。

为了适应展会规模的扩大、场馆硬件设施的升级，一些会展中心通过在原有用地上增加新的会议厅、展览馆以及相应的配套服务设施，令原有场馆的规模得以扩容、功能趋于完备、空间更加有机。如德国法兰克福会展中心，通过在原有老馆基础上嵌入新馆并以环形连廊串连，不仅使中心内的场馆设施形成了一个首尾相连的整体，更令会展中心的室内外流线更为清晰且相互独立，并有效改善了整个会展中心的室外空间环境。

以城市原有的展览场馆为基础发展形成的会展建筑大多位于城市中心地带或城市市区，具有交通方便、配套设施完善等优势条件，但也导致中心区出现一定程度的因办展而产生城市交通堵塞、因用地有限而难以再拓展等一系列问题。此类场馆规模较小，所承办的展会多数情况下是与大众生活密切相连的商业消费、文化教育型展会，对于复兴城市中心具有积极意义。

2. 场馆规模与"规模效应"

当代会展业蓬勃发展，日益显现出向产业化、规模化、集中化方向发展的大趋势，世界范围内各主要会展城市所办展会的总体规模日趋扩大，单届展览会的规模也开始向巨型化方向发展，参展企业机构的展出面积大大超越从前的水平。因此当代会展建筑与从前的同类建筑相比，在总体规模上越来越庞大，在单个展馆的空间体量上愈来愈巨型化。

会展场馆规模持续扩展，体现在建筑规模、占地面积、建设投资等方面。

（1）建筑规模

为了适应当代会展活动展出规模的急剧增长，会展场馆的总体建筑面积由数千平方米扩展为数万平方米，一些具有区域乃至国际影响力的会展建筑，其规模甚至达到了十几万至几十万平方米。如汉诺威会展中心的场馆总面积为47万平方米，米兰贸易展览中心的场馆规模达到34.5万平方米。另一方面，会展建筑中单座展厅的面积也成倍扩大，一些大型会展建筑，其单座展厅面积可以达到1万平方米左右，不仅可以满足任何大型展品的展示需求，而且能单独用于举办某个大型展会活动。

（2）占地面积

当代会展活动中复杂的活动内容和多元化的功能设施，要求会展建筑必须拥有庞大的建设用地，同时还要为未来扩建预留一定规模的发展用地。因此，会展建筑占地面积通常达到数万到数十万平方米之广。例如西班牙马德里展览中心，占地多达97.2万平方米，而英国伯明翰国家展览中心占地甚至达到了220万平方米之多。

（3）建设投资

当代会展建筑对各类新技术、新材料、新设备的应用直接导致它的工程造价大幅攀升。因此，建造一座现代化的会展场馆，其投资规模已由从前展览馆建筑的几百万或几千万元上升到了数亿元，而一座现代化的大型会展场馆，其总体造价往往会达到数十亿元人民币之多，因而会展建筑称得上是一座城市中极为重要和昂贵的工程项目。

从建造费用的单价来看，当代会展建筑每平方米造价已普遍接近甚至超过了1万元人民币的标准。如我国深圳会展中心，其总建筑面积28万平方米，造价为25亿元（平均造价9000元／平方米）；南宁国际会展中心总建筑面积

16.8 万平方米，投资 18 亿元（平均造价 10700 元 / 平方米）；宁波国际会展中心总建筑面积 9 万平方米，投资 7 亿元（平均造价 7700 元 / 平方米）。

（4）"规模效应"的形成

当代会展建筑的场馆规模的持续扩展，不仅促进基址的周边地段形成会展产业的发展圈，为展会提供"一条龙"式的服务，同时还可完善相应的城市基础设施建设，从而缔造出良好的外部运营条件，实现会展业发展规模和经营收益的增加。当代会展建筑规模的扩展，充分体现了外部效应同内部效应的综合价值，它是对市场规律的一种真实反映。

例如在意大利，米兰市拥有高度发达的会展业，其各个展会展出面积普遍较大，且展会排期十分密集，所以需要规模庞大的展馆来予以支撑。米兰市新建的国际贸易中心面积达到了 34 万平方米，其中单座展馆的规模均超过了 3 万平方米。这种巨型展厅既能够组合使用，又可以单独举办某一题材的大型展会，整个会展中心能够同时举办多个展会，很好地诠释了"规模效应"。

二、功能空间的灵活性与弹性化

随着建筑技术和会展业的发展增长，出现了单层式大空间展馆，它们采用混凝土拱形结构、薄壳结构以及建筑钢材等新技术、新材料，使展厅空间跨度较之以往实现了飞跃式的发展。为了适应会展活动的形式、规模、技术等环节上的一系列革新变化，同时使场馆设施具有多目标经营和多用途使用的功效，当代会展建筑的空间显现出了更为自由灵活，也更加适用、经济的合理发展趋向，它们表现在：

1. 展示空间形式与尺度

（1）展厅空间的形式

在会展建筑技术不断更新的推动下，展厅空间越来越自由灵活，规模也越来越庞大惊人。动辄上万平方米的超大型展厅空间内，除了围护体系之外没有任何物体的限制和阻碍，体现出令人震撼的形式和尺度。

当代展厅空间以寻求完整、高效、简洁为设计出发点，它广泛采用长方体、立方体等最为基本的几何形体，以便于展台的灵活布置，同时使空间的使用率达到最大化；一般将展厅四周留作交通空间使用，并借助屋顶的处理适当降低这类交通空间的高度，使展厅空间更富变化、更具合理性；在空间形式上完整清晰、简洁明了，更利于人们把握空间的特征，加速、加深对空间的感知和理解。

当代会展建筑的展厅空间在追求最佳"灵活、适用性"的同时，还积极展现出"美观、经济性"的一面。如展厅内部空间形式和外部建筑造型具有密切的逻辑关系，因而具有积极的形式意义和美好的形象；展厅空间通过和屋顶结构巧妙结合，使内部空间既富于变化，又展现了结构美学特征；会展建筑的展厅空间在展示物品的同时，还赋予空间更多精神含义，使之同环境、历史、文化、审美产生紧密的联系，改变了过去略显冷冰的工业建筑形象。

（2）展厅空间的尺度

当代会展建筑的展厅空间从展品和展示设计的发展趋向出发，在空间高度上为较高展品的展示以及特装展台的布展需求创造条件。现代化的展厅空间净高普遍在 10 米以上，而展厅净空的上方则是结构构件和架设在结构之间的空调、消防喷淋、灯光照明设备及其管线。例如德国慕尼黑会展中心展厅高度为 11.5 米，上海新国际博览中心展厅高度为 11～17 米，而深圳会展中心的展厅高度则达到 13～28 米。这种来源于会展活动的功能特性所需的"以大为美""以高技形象为特色"的崭新审美倾向，为人们带来了与以往截然不同的审美体验。

2. 多功能厅空间的形式与尺度

多功能厅作为特殊的展厅，一般采用方正的形体来提高空间的利用效率。但是，也有一些会展建筑利用多功能厅的特殊地位与作用，尝试以其他形体来塑造更加生动、活泼的空间形式。例如悉尼皇家农展馆，多功能大厅位于展厅序列端头，采用了与展厅截然不同的半球体空间，使得墙体与屋顶原本的严格区分被模糊化，整个大厅空间变得极富流动感与戏剧性，成为整个建筑空间序列的高潮。

多功能厅的空间尺度更为雄伟，净高往往达到 15～20 米，如慕尼黑会展中心的 B6 多功能厅净高为 16 米；而新中国国际展览中心的多功能厅净高为 16～19 米。多功能厅的空间高度使之能够用来举办高大尺度展品的展示会，如帆船展、大型机械展；同时，这个高度还符合大多数体育比赛以及演出、会议、庆典、宴会等活动对建筑空间高度提出的要求。

3.空间的弹性使用

（1）展厅空间的弹性使用

各展厅的规模根据当地会展业实际需求灵活设计，且利用灵活隔断对展厅空间进行临时性分割，在使用上具有可变通性。展厅内设置有各类辅助空间以容纳直接为展厅服务的配套设施和辅助活动，保证展厅空间的弹性使用。

（2）会议空间的弹性使用

当代会展建筑的会议空间一方面依据市场需求合理确定总体规模和各会议室的大小及用途，兼顾大、中、小会议室以及特大型会议厅等各类会议用房，并合理地配置各类会议室之间的比例关系；另一方面，对会议空间进行灵活分隔或合并，使会议设施适合于举办各类会议活动；一些会议厅的硬件设施也具备可调整的特征，确保会议空间的弹性使用。例如杜塞尔多夫会展中心，其大会议厅内 2/3 的地面铺装了活动地板，其高度可在 0～1.5 米范围内任意调节；而慕尼黑会展中心的大会议厅采用了可移动座椅，当会议规格较高时，还可将隔排的座椅翻折为桌面。

三、结构技术与设施设备的先进与完善

1.结构技术

受当代展览会举办形式革新的引领，会展建筑不断采用新技术、新材料，对室内空间、结构形式、地面承重等一系列关键性技术环节进行了重大改良。例如在结构上，会展建筑对新型结构和施工技术的采用，使展厅空间抛却了往日的混凝土拱形结构、薄壳结构和框架结构，取而代之以形式多样的钢结构大跨空间体系；在空间布局上，当代会展建筑一改从前的多层式布局，代之以单层或者双层布局，使空间获得了重大解放。

为了满足超重物品的展示需求，如小型飞机、汽车、游艇、工程车辆，当代会展建筑的展厅地面与室外展场地面的承重能力较之以往也有很大的提高，达到较高的负荷标准。展厅地面承载力普遍达到了首层地面为 3～5 吨 / 平方米，二层楼面大致有 1.5 吨 / 平方米的较高水平。在德国的一些大型会展场馆，个别展厅的地面达到 10 吨 / 平方米的承载力以满足特殊种类展品的

展示需要。相比室内展厅，室外展场地坪的承重能力通常更高，其平均水平就有 5 吨／平方米，在慕尼黑会展中心，室外展场地坪的局部承载力甚至可达 50 吨／平方米。

2. 设备设施

（1）先进的展位支撑设备

为了满足展示设计与展会的需要，展厅必须为每个展位提供电力、电话、宽带网络、光纤网络、有线电视、给排水、压缩空气乃至煤气（或天然气）等设备接口。通常在每个展位的地面以下敷设一个综合展位箱，或者在展厅地面上平行铺设贯穿整个展厅的综合管沟。对二层展厅来说，通过在楼板结构层之间安装工程管线，并为每个展位设置展位箱，也可以使其具备一定的技术支撑能力。

会展建筑中，展厅地面以下设置专门的连廊空间，其间布置着各种工程技术管线，它们通过联系各展位的分支管线及其接口向展位提供水、电、压缩空气，等等。

（2）多样化的信息服务设备

为保证参展人员能够与外界取得及时、方便的联系，获取最新的展会动态，当代会展建筑采用了许多先进的信息智能化技术与高科技设备。它们包括：用于及时跟踪报道展会进行状态的大屏幕多媒体显示系统（通常被安放在入口广场或直接安装在入口门厅的墙体上），供人们查询信息的个人多媒体服务终端（一般均匀分布在场馆交通空间内）以及 WLAN 无线网络系统和卫星通信服务，等等。这些信息技术与设备往往覆盖整座会展场馆，因而大大提高了会展建筑的综合信息服务水平。

（3）门类齐全的会议支撑技术

在当代会展建筑中，会议场馆所经营的会议活动不仅包括了各类正式或非正式的专题会议，而且还涉及与展会配套的大型产品推介会、新闻发布会以及签约会等活动；会议形式上还出现了视频会议、卫星电话会议等高科技型会议。因此，会议活动的支撑技术也日益复杂化，除了音响、照明设施外，会议活动还充分使用同声翻译、多媒体演示、大会发言和表决、大屏幕播放、听觉障碍者助听设备等新型技术手段，以及电视直播、卫星电信以及各类设备系统等，使会议召开效果达到最佳水平。

第三节 20世纪90年代以后的会展建筑

当代会展建筑是会展业迅猛发展的直接产物，同时也是现代化建筑科技创新成果的集中体现。它呈现出独特且复杂多样的特征，并对城市发挥出系统、综合的推动作用。它的出现使以往的展览馆和会展建筑跨越到了一种新的发展阶段，成了会展业及其相关行业对外辐射的"中心"，即会展行业内统称的"会议展览中心"。

一、欧洲的会展建筑

欧洲是世界会展业的发源地，经过150余年的发展，欧洲会展经济在国际上整体实力最强，规模最大，德国、意大利、法国等国家均成为世界级的会展大国。国际大型展览场馆主要集中在欧洲，大多数行业顶级和世界大型展会在欧洲举办，其展出规模、参展商数量、国际参展商比例、观众人数、贸易效果及相关服务质量等均居世界领先地位。

欧洲主要的会展中心可以分成两种基本类型：一类是随着时间发展经过扩建、拆除和重建而成，另一类则是依据总体规划而专门建造的会展中心。在最为重要的会展中心中，有一些起初就是专门为举办世界博览会而修建的，例如巴塞罗那会展中心、米兰会展中心、维也纳会展中心；而另一些则是采用简单的永久性建筑取代之前的临时性建筑，配备现代化的基础设施和技术设备。

1. 德国的会展建筑

"二战"以后，德国的展览建筑伴随展览业的振兴而处于兴盛的重建时期，当时许多城市都建造了新的场馆。之后，各地一直在不断的改建、扩建或新建中增强自身展览设施的现代化建设水平。在20世纪90年代，由于一些城市的场馆设施及规模无法再适应展会的发展需求，因此这些城市拟定新址，开始建造完全新式的展览场馆。

在这些新式的建筑中，会议设施已变得十分重要和专业化，体现了展览建筑发展对展览业向会展业变革的适时调整；同时，这些新场馆还在诸多特征上体现出比以往展览馆更为专业和更加先进的建设水平。

（1）莱比锡新会展中心

莱比锡新会展中心的历史可追溯到 1895 年的商品样品展示市集，1901 年莱比锡会展中心正式完工，随后又增加了若干其他建筑。1996 年由 GMP 建筑设计事务所设计的莱比锡新会展中心建成，是一座高度现代化的博览会和国际会议中心。会展中心的场地原为一座机场用地，因此场地周边拥有极好的基础设施。会展中心拥有 10.25 万平方米的展厅使用面积和 7 万平方米的室外展示面积，还有能容纳 2000 人用餐的五家餐馆和众多的小吃吧、咖啡厅和快餐店。

会展中心设有五个展览大厅，其中包括四座标准展厅、一座更高且采用自然照明的多功能展厅，每个大厅的占地均达 150 米 × 150 米，设计了为数众多的大门和车辆入口，所有展厅都可通过展方的特别通道开进运输车辆而不影响参观游客出入，展厅间宽阔的交通区以及一个环形路都为快速的布置和撤展提供了理想的运输条件。入口区域和展览区域楼层的分离，为同时并行地举办各种活动提供了条件。建筑大楼、展览大厅、餐馆、会议中心、行政管理之间以防风雨的玻璃通道相连接（图 5-1）。

会展中心的焦点建筑是雄伟壮观的玻璃大厅，是通往各个展厅的必经之地，中央的"大堂"主导和连接着博览会的整个建筑群以及莱比锡的国际会议中心。玻璃大厅跨度 79 米，长度 243 米，高度近 30 米，能容纳 3000 人，是目前欧洲最大的钢和玻璃结构（图 5-2）。玻璃大厅的设计是独一无二的钢和玻璃结构的巧妙组合，将透明和典雅推向了新的高度，以精美的细节将二者统一在一起。由于采用了标准的玻璃板材，从里面看整个大厅就像无缝的玻璃拱（图 5-3）。

玻璃大厅的环境设计策略是保证冬季温度不低于 8℃，通过地板下的盘管加热。夏季除了利用盘管中流动的冷水降温，还可以将自然通风拱的顶部打开，接近地面的玻璃板也开启，通过热压差促进自然通风。为防止室内过热，将南侧正常视线以外的玻璃上釉处理。

（2）法兰克福会展中心

1907 年，历史悠久的法兰克福商品展销会由该展会的运营公司再次启动。同年，法兰克福展会的第一座展厅开始动工，并于 1909 年完工。在后续的不断扩建过程中，该展览中心增添了许多新建筑，包括 2001 年由尼古拉斯·格

图 5-1　莱比锡新会展中心总体模型

图 5-2　莱比锡新会展中心玻璃大厅立面

图 5-3　莱比锡新会展中心玻璃大厅内部

图 5-4　法兰克福会展中心 11 号展厅外观

图 5-5　11 号展厅屋顶木桁架装配过程

里姆肖（Nicholas Grimshwa）设计的高科技展厅、由哈斯彻·耶勒（Hascher Jehle Architekten）建筑设计事务所 2009 年设计的 11 号展厅等。

法兰克福会展中心目前占地面积 47 万平方米，室内展场 32.1 万平方米，室外展厅 9 万平方米。该会展中心也是欧洲大陆最繁忙的会议场所，每年至少有 50000 个会议在这里召开，260 万观光客涌入此地参加各种高层会议，每年要举办约 15 次大型国际博览会。

法兰克福会展中心 11 号展厅及西门厅是其西部扩建部分的开端。11 号展厅采用了模块化预制钢筋混凝土组件，展厅一层需要承受上部楼层的偏离荷载，因此一层平面设两排立柱，将整个空间分割为三部分。上部楼层屋顶采用了木制桁架梁，跨度为 79 米，每条大梁约 7 米高，其末端向外突出形成锐利的尖角，使建筑屋顶具有了独特的形态（图 5-4、图 5-5）。

2.意大利的会展建筑

作为意大利重要的经济中心，米兰因建筑、时装设计、艺术、制造业和金融业闻名。米兰会展经济发达，拥有悠久的会展发展历史，曾举办过 1906 年的世界博览会，全球展览业协会（UFI）于 1925 年在意大利米兰成立。

（1）米兰新国际会展中心

米兰会展中心项目属于米兰市边缘地区的都市再生计划。会展中心选址放弃了更传统的市中心地段，位于郊区，由破旧的冶炼厂改造而成。2005 年，当地的贸易基金会在原有 11.5 万平方米展馆面积基础上，又投资 7.5 亿欧元建成了现代化会展中心。

新的交易会展中心由八个展馆组成，加上户外的 6 万平方米展出面积，总面积约为 34.5 万平方米。整个展出流线横跨东西两个区域。主轴线上设有一个中央主入口，两端分别设有一个入口。沿此轴线排列着 8 座展厅（其中 2 座双层展厅），将 8 个独立的建筑结构向内聚焦，朝着一个中心的脊梁排布，功能犹如中心街道，另外还有大约 60 座形态不同、功能各异的建筑，包括服务场所、小吃店、办公室、酒店、商业画廊、展馆招待会以及小型的露天场所等。这条轴线不但是都市活动的重要场所，也是资讯的集中区，同时是大众交汇的地点（图 5-6）。

会展中心最与众不同之处便是其巨大的玻璃风帆形屋顶，该设计突出了米兰作为现代时尚城市的形象。玻璃钢制建筑结构接近 1500 米长，约 32 米宽，融合了多种自然形态（环形山、丘陵、沙丘、波浪），形成一道东西透明的主轴线，使都市空间在视觉上得以延伸。展览馆本身也是都市地景的一部分，融合于基地上原来就高低起伏的水、绿地与其他建筑，蜿蜒的展馆外壳如同飘荡的薄纱，以自然流线形成山脉丘陵（图 5-7）。随着会展中心的落成与启用，这个荒废三十年的地区又再度活跃起来。

图 5-6　米兰新国际会展中心鸟瞰　　图 5-7　米兰新国际会展中心玻璃屋顶

建筑内部空间的螺旋结构生成一种持续的雕塑感，流线型的织物般的顶盖结构穿插于整个结构之中。展馆功能包括展厅、礼堂、会议室、餐厅、咖啡厅、会议厅、展览中心管理办公空间。为了区分建筑不同部分的功能，展览大厅朝着顶盖的方向运用橘红色表皮，沿着露天走廊分布的餐厅、咖啡厅则以弯曲的表皮和支撑的立柱来界定，会议室以不锈钢材质覆盖，办公空间包裹在玻璃盒子之中，沿着走廊分布。

（2）里米尼新会展中心

里米尼是意大利在"二战"后开始举办商品展销会的城市之一，2001年由GMP建筑设计事务所为该城市设计的新会展中心完工，彻底取代了位于市中心不断老化的会展中心。新会展中心占地总面积46万平方米，有三个独立的出入口，由穿梭巴士连接，可供同时举办几个博览会或会议。建筑使用面积16.9万平方米，总展览面积10.9万平方米，有20个模块化的会议室，2间餐厅，3个自由流动的餐馆，10个餐饮服务点等。

加上扩建部分新增的两座双层展厅，新建的会展中心共有16座展厅，3个出入口。总平面采用了传统双梳式体系和模块化展厅设计，布局清晰且极为人性化。建筑正面采用玻璃材料建成，能够引入充足的阳光，同时部分展厅也能够满足完全遮光的要求（图5-8）。这些展厅通过小型衔接建筑和环绕柱廊彼此连接在一起，因此人们可以不受恶劣天气影响，到达会展中心各个部位。

展厅建筑最与众不同的特点就是采用层板胶合木建造了特殊展厅屋顶。各个展厅的筒形穹顶均采用叠片型木梁，形成温暖、亲和的室内氛围。所有木梁的尺寸相同，均超过80厘米，组成匀称的菱形网状物，其下的大空间没有任何支撑，跨度达60米，也就是整个展厅的宽度（图5-9）。建筑屋顶与外墙通过沿着侧面排列的窗带进行分隔，装饰材料简洁。

圆形穹顶是整个建筑综合体的核心，它的施工技术的复杂程度远远超过展厅屋顶。穹顶的组成部件尺寸不同，由大小不同的菱形网格组成（图5-10）。圆形大厅的地板下沉了几个台阶，铺设着与罗马政府广场完全相同的装饰图案。

3.西班牙的会展建筑

在西班牙，主要的国际商品展销会集中在少数几个城市。西班牙政府为了适应会展业快速发展的形势，对早期建成的展览场馆进行了较大程度的改造或扩建，如马德里展览中心和巴塞罗那展览中心。毕尔巴鄂会展中心则是新建的

图 5-8　里米尼新会展中心　　　　图 5-9　筒形穹顶　　　　图 5-10　筒形穹顶

会展中心。

（1）巴塞罗那会展中心扩建

巴塞罗那会展中心位于西班牙巴塞罗那市内，总面积约 8 万平方米，其中可展出面积为 5 万平方米。2009 年，会展中心的综合性扩建重建工程完成，工程包括兴建全新的外立面、一座公共公园和全新的基础设施，这标志着城市环境的重大进步。建成后的会展中心总建筑面积扩大至 34 万平方米，展出面积达 40 万平方米，成为欧洲最大的展览中心之一。

该扩建工程最为重要的部分就是修建一条连接大道。大道高出地平面 7 米，就像一条河蜿蜒穿过会展中心，将各个展厅彼此相连，走在路上的参观者会获得一系列丰富的空间感受（图 5-11、图 5-12）。

连接大道的终端为欧巴罗广场，慢慢变宽成为三角形，与新入口大厅相连接。入口大厅中设有售票处、新闻媒体区、VIP 区以及餐厅。建筑外立面为白色，有机的形态阐释了流动的主题，与毗邻的 1 号展厅形成一个整体（图 5-13、图 5-14）。

新建的 5 号展厅和 7 号展厅与原有展厅形状和尺寸相匹配，其中的会议室及其他房间位于展厅的长边。8 号展厅为双层展厅，可移动隔断将一层分隔成大、中、小三种尺寸的会议室，二层则是一个完整的展厅。

（2）毕尔巴鄂会展中心

毕尔巴鄂位于西班牙北部沿海纳尔温（Nervion）河的入海口，濒临比斯开湾（Biscay）的东南侧，距比斯开湾 12 公里，是西班牙的大港之一。毕尔巴鄂会展中心位于毕尔巴鄂市中心，由毕尔巴鄂 CA 建筑设计事务所设计，

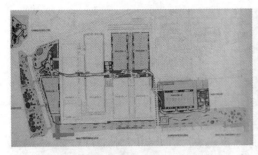

图 5-11　巴塞罗那会展中心总平面图

图 5-12　巴塞罗那会展中心室内

图 5-13　巴塞罗那会展中心 1 号厅

图 5-14　巴塞罗那会展中心新入口大厅

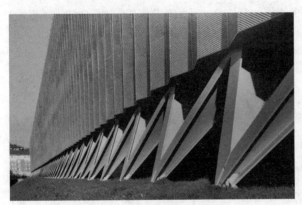

图 5-15　毕尔巴鄂会展中心展厅外立面

图 5-16　毕尔巴鄂会展中心会议大厅

2007 年完工。该中心有 6 个展厅，15 万平方米的展览空间。其中 1 号、2 号和 3 号大厅面积 15000 平方米，可分为面积 5000 平方米的 3 个不同的区域。展厅跨度 18 米，主梁下间隙最大高度 12 米，适于各种类型展会的举办。

　　建筑总体布局紧凑，6 座展厅与中央大道毗邻，贯穿南北两侧。展厅立面被内嵌的金属板封闭起来，以型钢支柱支撑（图 5-15）。会议大厅为钢筋混凝土结构，顶部为高层办公楼。建筑中盒子状的大礼堂采用"V"形立柱支撑，建筑的纵向垂直线条与旁边的水平展厅形成鲜明的对比（图 5-16）。

图 5-17　毕尔巴鄂会展中心展厅顶棚　　　　　图 5-18　毕尔巴鄂会展中心入口

展厅屋顶由格栅式钢梁组成，钢梁上覆盖着金属面板，形成了巨大的方格形顶棚，建筑的通风设施与照明设施隐藏在顶棚中（图5-17）。室内以金属、混凝土等简单建筑材料为主，仅在参观者入口处使用了木材（图5-18）。

抬高的中央大道横跨7个楼层，参观者可由此进入各个楼层，进入展厅后向下进入展览楼层。附属的服务设施如会议室、餐厅等沿着3个楼层中的大道设置。

二、美洲的会展建筑

北美地区是世界会展业的后起之秀。由于北美展览业起步较晚，因而其会展建筑的发展历程也较为短暂，从而不必像欧洲国家那样在旧场馆的保护与再利用问题上投入大量的精力和资金，因此其会展建筑的建设也相当发达，许多大城市都建造了规模庞大的会展建筑。例如芝加哥的"麦考密克"会展中心，是全美最大的会展中心。此外，像洛杉矶会展中心、波士顿会展中心等一批20世纪90年代以后落成的知名会展建筑，都展现了当代会展建筑追求大跨空间、平面形式集中简约并且注重会议设施建设的发展趋势。

1. 芝加哥的麦考密克会展中心

芝加哥市的麦考密克会展中心（McCormick Place）作为北美地区最重要的会展建筑之一，其展示面积达到了70万平方米，同时该中心还拥有各类先进、完善的配套功能设施。

麦考密克会展中心由三个具有最新水平的展馆构成，分别是南馆、北馆和湖畔中心（以前被称为东馆）。这些展馆中包括 20.44 万平方米（220 万平方英尺）的展厅，可容纳 1 万人的会议厅（112 间），拥有 4249 个座席的歌剧院，以及 8000 个专用停车位。各个展馆之间由占地 4645 平方米（50000 平方英尺）的休闲广场联结起来，里面有许多零售商店和各种休闲设施。

南馆拥有 7.8 万平方米（84 万平方英尺）的展区和 1.58 万平方米（17 万平方英尺）的会议区。北馆占地 6.50 万平方米（70 多万平方英尺），可独立使用或与其他展厅联合使用，有 29 个会议厅、服务区及其他设施。湖畔中心主要用于举办中型贸易展销会和过去麦考密克会展中心不能承办的展会。

2. 洛杉矶会展中心

1993 年完成的洛杉矶会展中心的扩建，使洛杉矶在竞争激烈的展览和贸易会议的市场上重新处于领先地位，同时为城市的兴盛作出了贡献。扩建项目的面积为 23 万平方米，是原有设施的两倍多，位于一个非常繁忙的高速公路交叉口上。

新老建筑之间通过一座横跨在皮可大道上的两层高的桥相联系，在整个建筑综合体中，此桥同时充当了解决车行和人行问题的主要组织元素。建筑的外部曲墙与高速交通相呼应，半透明的公共空间让周围社区的居民便于接近建筑和参加各种活动。

会展中心新建的 2 万平方米的广场延伸和丰富了建筑的公共特质，使之成为洛杉矶重要的公共空间之一。两个巨大的玻璃大厅入口作为洛杉矶会展中心以及下城的大门，大厅顶上开有一系列天窗，将人引导至展厅。暴露的结构网架在限定空间的同时为建筑形成了宏伟的尺度（图 5-19、图 5-20）。

图 5-19　洛杉矶会展中心大厅

图 5-20　洛杉矶会展中心鸟瞰

3. 波士顿会展中心

波士顿会展中心坐落在南波士顿中心的滨水地区，是美国东北部最大的展览中心，与波士顿高级酒店、风景区以及机场的距离均很近，十分便捷。该会展中心经过两个阶段的设计建设。

第一阶段的建筑设计，包括一个5万平方米的可以再划分的展览厅、两个分别为4000平方米和1500平方米的舞厅以及总建筑面积超过1.5万平方米的72个会议室。第二阶段的建设增加了大约30%的总建筑面积来扩大展览厅和会议室。会展中心主要是为社会团体、企业及贸易交流组织者而设计，其空间结构灵活易拆分，便于举办各种大小型会议。

场地北部是南波士顿滨水区再开发中的一部分，场地中以大型多功能建筑为主；南部区域则以小规模的住宅建筑为主。建筑设计通过沿着一个长长的斜屋顶进行高度上的变化而有效地调和了这种转变。为了进一步将建筑融合进周围的环境中，展览馆的大体量被小规模的会议室和社交场所包围，减少了它对南波士顿近邻地区的视觉影响。

在波士顿会议和展览中心的室内，沿着展览厅的两侧设有V形支柱，支承着高层的会议室和社交场所。屋顶的拱门以及暴露在外的构架能够承担超过50米的自由跨度，标志着该场所是高度结构化的大型设施。连接建筑物两侧的两座桥悬浮在垂直空间的上方，展现了当代会展建筑追求大跨空间、平面形式集中简约并注重会议设施建设的发展趋势（图5-21、图5-22）。

为了从南波士顿街道上将公共交通和会展交通隔离开来，场地上修建了一条抬高了的环形公路环绕着该建筑，并沿着700米的长度为通向会议室和划分开的展览大厅提供了单独的车辆通道,停车场和装载港坐落在汽车高速公路的下方。

图5-21　波士顿会展中心外观　　　　图5-22　波士顿会展中心外观底层支柱

三、亚洲的会展建筑

亚洲是会展业后来居上的地区，会展业规模和水平仅次于欧美。日本、新加坡、阿联酋和中国凭借其巨大的经济发展潜力、发达的基础设施、较高的服务业水平及较为有利的地理区位优势，成为亚洲的会展业发达国家。自20世纪90年代以来，一些国家和地区在建设现代化会展建筑方面作出了不懈的努力。

1. 新加坡的会展建筑

新加坡是著名的国际航运中心、国际金融中心、国际贸易中心和国际会展中心。2008年和2009年分别被评为国际协会联盟（UIA）世界第一大会议城市。每年举办6000多个商业会展项目，占亚洲举办会展项目的四分之一，会展收益占亚洲总收益的40%。便利的交通条件、精细的会展服务、高效的行政效率等都是新加坡会展业发展的突出优势条件。在此背景下，新加坡利用自身独特的地理优势与发达的贸易金融业，大力发展会展业，并且建造了3座著名的大型会展建筑：新加坡会展中心、新达新加坡国际展览与会议中心（新达城）及莱佛士城会议中心。

新加坡会展中心是亚洲最大的展览馆，占地面积25公顷（图5-23）。该中心建有6万平方米的展馆、2.5万平方米的室外展览场、10个大小不同的会议厅和9个会客厅，配备有先进的翻译、通信和传播设备。展馆共有6个1万平方米的展厅，展厅室内最高16米，展厅的间隔活动墙壁可以打开，把6个展厅合而为一。除了举办各种展览之外，展厅也可以用做举办晚宴、音乐会等，仅一个展厅就能同时容纳5500人共进晚餐。每个展览厅内有一个会议室，供参展商洽谈、办公之用。

此外，新加坡会展中心还建有各种大型名优商场、不同档次种类的餐馆、出租写字楼和饭店等，实行多元化经营。博览中心内设商业中心、钱币兑换商店、花店、文具店、便利店、照片冲洗店、自动提款机和电脑绘图服务店等，主要是为参展人员和观众服务。这既方便了参展商，也吸引了众多其他客源，是对经

图5-23　新加坡会展中心

营展览中心的一种常规补充，收入亦非常可观。

该会展中心拥有可停放 2200 辆汽车的停车场和两个出租汽车站，短程巴士在举办展览期间提供免费载人服务，每趟间隔 10 ~ 15 分钟。在第一和第六大厅外面设有的士站，以方便参展商和参观者。

2. 日本的会展建筑

在会展业发达的日本，其会展建筑的整体建设水平也处于亚洲前列，类似东京、大阪这样的国际大都市均建有多座大型会展建筑。例如东京，它不仅拥有东京国际会展中心，而且还在周边的千叶县建造了幕张国际会展中心。

东京国际展览中心由东京市政府修建，于 1996 年 4 月投入使用，是一个能提供展览、会议和交流的综合性建筑，也是日本规模最大、技术最先进的展览中心。整个展览中心包括进口中央大厅、会议楼、6 个馆的东展厅、4 个馆的西展厅等，总占地面积 24.3 万平方米，建筑面积 14.1 万平方米。室内展览面积总共有 8 万平方米，室外展览面积 1.9 万平方米。会议楼设有 18 个会议室，其中包括 1000 座的国际会议厅和 1700 平方米的宴会厅，可为大小会议提供服务。这个展览中心是在东京湾填海造地建成的，不仅取代了位于市区的老建筑，同时也为该地区创建东京电子港提供了核心设施。

整个展览中心有两条相互垂直的轴线，东、西展厅即分布在这两条轴线上，而会议楼则位于轴线的相交点，并面对中央大厅（图 5-24）。在建筑布置上采用了 45 米 ×45 米的网格，所有建筑都以此作为基本单元。西厅有四个展区，被设计为小型展览区。邻近的室外和屋顶展区也可根据需要用于展览。东厅有六个展览区，两边各三个，由长廊相连，可变成一个大型展区。

东西展厅的屋盖均采用钢及钢筋混凝土网架结构，西馆为 45 米 ×45 米，四柱支承；东馆为 90 米 ×90 米，周边柱相距 45 米，相邻馆的网架支承在大梁上。网架在地面拼装，通过周边 9 根柱子顶上的千斤顶提升就位。会议楼的结构是 4 个倒放的四角锥坐落在方形井筒上，四角锥也是在地面拼装，然后提升就位（图 5-25）。

交通和交流空间是东京展览中心的一大特色。它由设在 2 层的与百合鸥号国际展览中心站相连的广场、会议塔楼下的开敞空间、东展馆玻璃通廊、西展馆玻璃通廊、东西展馆连廊和西展馆共享大厅等组成。这些交流空间把不同的功能部分连成有机的整体，不仅发挥着交通联系作用，而且起到公共交流场所

图 5-24　东京国际展览中心总体　　　　图 5-25　东京国际展览中心外观

的作用。会展中心停车场用地内容量 1300 辆，用地外容量 5500 辆。

　　该展览中心建成后，成功地举办了许多大型的博览会。这些活动的举行大大加快了这一地区的开发建设，使新中心的交通一下繁忙起来，人口骤增，酒店业也兴旺起来。同时展览中心还发挥了产业"孵化器"的作用，以展览中心为核心的信息中心也逐渐形成。

3. 中国的会展建筑

　　中国在改革开放以后，为了适应北京、上海、广州等经济中心城市发展会展业的需求，建造或扩建了一些较为现代化的展馆，如北京中国国际展览中心，它在当时国内的同类建筑中堪称典范，自 1985 年建成以来，共举办各类展览会 1000 多次，展出面积 1100 多万平方米，促进国内外贸易成交额 5000 多亿元。而广州对中国出口商品交易会展览馆的原有馆舍进行了扩建，以使其适应"广交会"的发展要求。这些展览中心在展示我国改革开放成就，对外宣传交流工作中扮演着重要的窗口作用，但是它们所暴露出的共同缺点则是场馆的规模太小，其中绝大多数展馆的建筑面积只有 1 万～3 万平方米，因此仅适合举办一些小规模的展览会。

　　20 世纪 90 年代之后，我国展览建筑的发展依然存在规模偏小、设施水平落后等特征，这决定了我国当时在这一领域的发展水平同国外会展业发达国家相比，具有相当明显的差距。当时新落成的上海国际展览中心和大连星海国际会展中心虽然堪称国内最先进的会展建筑，但就其规模而论，前者建筑面积仅有 1.2 万平方米，后者也仅为 1.4 万平方米。

此后，各地虽有相当一批新馆建成，但原有的问题并未得到改善，譬如1998年建成的浙江世界贸易中心，尽管是一座全新的会展建筑，而且在配套设施建设方面较为齐全，包括了会议、办公、酒店等多元化的功能设施，但是该中心的展馆面积仅有1.9万平方米。世贸国际展览厅一期展厅居于整个大楼的中心，地上共分4层，展览面积共计1万平方米；二期展厅位于饭店后座的一、二层，面积9000平方米，且展馆的空间布局仍采用了国外已逐步淘汰的多层式布局，因而并不适宜举办大型会展活动。

我国会展建筑真正的发展始于21世纪初，在全国各地建设"会展中心"的热潮中，一批批具有较先进水平的场馆相继落成，如上海新国际博览中心、深圳会议展览中心、广州国际会展中心等。与此同时，我国香港与新加坡类似，利用地缘之便将会展业打造成为城市重要的支柱产业之一，并于2005年在毗邻机场的填海区，投入巨资建造了新的亚洲国际博览中心，与坐落在维多利亚港湾的香港国际会展中心形成了珠联璧合的发展态势。

同之前的展览馆相比，新场馆不仅投资巨大、规模空前、设施先进，而且多由具有丰富会展建筑设计经验的世界一流公司与国内大型建筑设计院合作设计完成。它们的出现，掀起了我国会展建筑发展的历史新篇章，宣告着我国会展建筑的建设开始同世界发达国家接轨；同时，它们也成了我国会展业未来蓬勃发展的中流砥柱。

（1）上海新国际博览中心

上海新国际博览中心（SNIEC）位于上海浦东，由上海陆家嘴（集团）有限公司、德国汉诺威展览公司、德国杜塞尔多夫展览公司、德国慕尼黑展览有限公司联合投资建造，是亚太地区最为先进、设施最为完善的展馆之一。

展览中心规划总占地58万平方米，包括17个标准化建造的单层无柱式展厅，室内展览面积达22.6万平方米，室外展览面积10万平方米，附属设施主要包括3个入口大厅，20个卸货区，2个多层大型敞开式停车库以及5个室外停车场。展厅设计简洁，功能完备，提供问讯、通信、安全、餐饮等服务。

整个展览中心的功能布局与基地周围现有城市道路相结合，很好地解决了车辆出入、人员疏散及地面停车等问题。场地中南侧的地铁站可与相应的入口直接相连，交通便捷。此外，全国首条高速磁悬浮列车坐落于展馆附近的2号线龙阳路地铁站，仅8分钟就能到达浦东国际机场。新国际博览中心还在1号门处设置了观众离场出租车候车点，与市内多家出租车公司保持实时互动，保

图 5-26　上海新国际展览中心总体

图 5-27　上海新国际展览中心内部庭院

图 5-28　上海新国际展览中心展厅外观

图 5-29　上海新国际展览
中心展厅入口

证展馆周边出租车运行的数量充足。

规划中 17 个展览大厅按三角形排列，出入口位于三个角的顶部，中心庭院成为三角形的露天展馆。庭院四周围绕着拱顶长廊，把各个入口和所有展厅连为一体。西北角设一座圆形塔楼，作为酒店、办公和会议中心使用（图 5-26、图 5-27）。

上海新国际博览中心采用了 70 米 ×197 米的标准展厅单元，每个展区面积达 1.15 万平方米。建筑采用无柱柔性钢结构体系，室内净高为 11 米，可进行灵活分区以适应各种展览需要。大厅东西两端安排有部分办公设备用房和商店、餐厅（夹层）等中间展览区。展厅的立面处理与结构功能相适应，形体上强调舒展的水平线条，各展厅以单元形式有节奏地横向展开（图 5-28），外墙使用隔热的铝合金折板金属幕墙，端墙使用玻璃幕墙以吸收自然光，并设有遮阳设施阻挡直射光线（图 5-29）。展厅的屋顶采用新型的 PVC 膜结构，可使柔和的光线洒满整个大厅，解决了采光屋面的眩光问题。

展厅使用了热泵加分散式空气调节系统，热泵设于室外，空调箱嵌墙安装，隔热的铝合金折板金属外墙上每隔 12 米设置一台空气调节器，通过中心控制来调节送风、采暖和制冷。空调的分区使采暖制冷非常灵活，由于不使用管道，安装和使用成本相对便宜。

（2）深圳会议展览中心

深圳会议展览中心位处城市中心区轴线南端，距市政府办公地市民中心1000米左右，是CBD的标志性建筑。占地22万平方米，东西长540米，南北宽282米，总高60米，地上6层，地下3层。总建筑面积28万平方米，有8个大展馆、25个会议厅、3大餐饮区及优良的配套服务，其中最大展馆为3万平方米，最大会场可容纳3000人。可以举办5000个国际标准展位的大型展览，可满足举办各类展会及活动的不同需求。

会展中心的整个展览面积分布于9个地面大厅中，构成一个280米×540米的长方形平面。高出展厅和路面标高7.50米的入口和交通层为人们开辟了进入各个展厅或展厅组的单独通道。这一因其高度位置而产生的与展览物流完全分流的展厅中轴线交通系统使各个展厅入口可进行灵活组合，可使观众居高临下，对进行的展览活动一目了然（图5-30）。

会展中心的总体高度为60米。上层中轴区每隔30米设立了大型钢筋混凝土拱架结构。该结构做了框架加肋处理并相互连接，以增强稳固性。它们向上耸立45米，支撑着360米长、60米宽的会议中心建筑，使其凌驾展厅本体结构之上。筒形会议建筑悬浮于展厅上空，可根据需要单独或与展览组合使用（图5-31）。

弧形钢框中部使用玻璃的大厅凌越于9个展厅之上，白昼从内到外宛如一个透明的雕塑，而夜间则如一个水晶体熠熠生辉。入口前广场的阶梯式喷泉

图5-30　深圳会议展览中心外观　　　图5-31　深圳会议展览中心立面

有照明，会议中心通过下方的绚丽彩灯照明而大放异彩。长形水平布置的建筑与周边围合的高层建筑的垂直美学形成了鲜明的对比。

（3）广州国际会展中心

广州国际会议展览中心位于广州市海珠区的琶洲岛中央，分三期工程完成，到2009年1月建成，为亚洲最大的会展中心。展馆总建筑面积110万平方米，室内展厅总面积33.8万平方米，室外展场面积4.36万平方米。其中展馆A区室内展厅面积13万平方米，室外展场面积3万平方米；B区室内展厅面积12.8万平方米，室外展场面积1.36万平方米；C区室内展厅面积8万平方米。

2014年6月19日，广州国际会展中心四期扩建规划通过，四期建设后，展览面积达50万平方米，超过德国汉诺威的47万平方米；整个琶洲地区会展面积达66万平方米，规模世界第一。

建筑方案构思以"珠江来风"为主体，凸显建筑"飘"的个性，象征珠江的暖风吹过大地，使会展中心这个高科技和现代文化的载体飘然落在广州珠江南岸，赋予静态建筑"飘"的形式美感，暗示商品科技的动态发展与流变，从而使建筑具有多重含义，采取"北低逐渐南高"的流线型设计。在设计上，广州国际会展中心是一座注重建筑节能及室内外生态环境、集建筑艺术和现代科技于一体的现代化智能建筑（图5-32）。

（4）南宁国际会展中心

南宁国际会展中心位于南宁市发展迅速的新城区中心地带，总建筑面积约15万平方米，包括41个大小不同的展览大厅，3000个标准展位，以及可容纳1000人的多功能大厅1个，100人以上的会议室5个，各种标准的会议室

图5-32 广州会议和展览中心总体鸟瞰

图 5-33　南宁国际会展中心局部外立面　　　　图 5-34　展厅外观

8个，并配备餐厅、新闻中心等配套用房。

设计的基本构思是利用基地内现有的山丘作为主体建筑的基座，建筑形体依山就势逐层升高，造型独特的多功能大厅穹顶覆盖有先进的半透明薄膜材料，造型宛如一朵硕大的朱槿花，使会展中心成为整个地区的标志性建筑，体现出南宁市面向世界的开放形象，具有极佳的识别性和象征意义（图5-33）。

展览中心的展厅分布于两个楼层上，下层展厅的净高为10米，上层展厅净高10米至15米不等。位于中央大厅的宽敞大楼梯和数台自动扶梯将两个楼层联为一体。因为展厅直接靠近中央大厅，所以参观人流可以在中央大厅内很快地辨别方向并直达展厅。位于同层的各个展厅可以按需合并成大小不同的单元加以使用。所有展厅都可从两个侧面采光，需要时可通过遮光设备调整日光射入量。

会议中心拥有5个可进行灵活分隔使用的会议厅以及餐厅等附属设施。会议中心有单独的入口，故可与展览中心分开单独使用。中央大厅通过屋顶和两侧立面进行采光，主要起到展览中心交通枢纽的作用，但在需要时也可用来做临时展场。大厅内设有各种问讯台、指示牌、机动的或固定的餐饮供应点等，可供参展者小憩逗留。

整个南宁国际会展中心的建筑造型轻巧、秀丽、通透，建筑基座为天然砌石，两层高的钢筋混凝土柱支承起造型独特的屋面，台基上的室外平台则为参展者提供了室外活动空间（图5-34）。多功能大厅上的折板型穹顶由轻巧的钢桁架支承，透过薄膜进入圆形穹顶大厅的柔和自然光营造了一种独特的空间气氛。一组结构新颖、造型独特的屋面飞架于中央大厅和各个展厅之上，贯通整个展览中心，将展览中心的建筑特征充分地表达出来。

（5）香港会议展览中心

位于香港湾仔的香港会议展览中心，是海边最新建筑群中的代表者之一。除了大型会议及展览之外，这里还有两家五星级酒店，办公大楼和豪华公寓各一幢。

香港会议展览中心新翼坐落在面积为 6.5 公顷的填海人工岛上。有三个大型展览馆，提供 28000 多平方米的展览面积，可容纳 2211 个标准展台；又有不同大小的会议厅房共占地 3000 平方米，以及一个面积 4300 平方米的会议大堂。在此大堂举行会议，

图 5-35　香港会议展览中心

可容纳 4300 人，用来举行宴会则可招待 3600 名宾客，是全球最大的宴会厅之一，也是世界最大的展览馆之一。1997 年 7 月 1 日香港回归中国大典亦在该处举行，成为国际瞩目的焦点，而它独特的飞鸟展翅式形态，也给美丽的维多利亚港增添了不少色彩（图 5-35）。

第四节　20 世纪 90 年代以后的世博会建筑

1992 年的联合国环境和发展大会是人类对环境和发展关系认识的一个里程碑。在大会上，"可持续发展"的原则得到了国际社会的接受，"可持续发展"的口号也从此响遍了世界各个角落。在这样的背景下，"自然"第一次被写入了世博会的主题，可持续发展也被定为展览的总体方向。

随着冷战时期的结束，世界的发展开始趋向多元化，人类更加关注未来的发展。因此，无论是 1992 年塞维利亚世博会、1998 年里斯本世博会，还是 2000 年汉诺威世博会、2005 年爱知世博会、2008 年萨拉戈萨世博会等都不约而同地把主题确定为"对历史与未来环境""人类自身的进步"以及"科学技术与可持续发展"等全球热点问题，世博会开始以一种全新的思路和方法筹划运作，从场地规划到建筑设计都与可持续发展的主题相呼应，建筑设计也逐渐开始转向考虑节能与自循环，更为注重生态、人文及高科技的关系。

1. 1992 年西班牙塞维利亚世界博览会——可持续发展观的体现

该届世博会于 1992 年 4 月 20 日在西班牙南部经济滞后的安达卢西亚大

区首府塞维利亚开幕，历时 176 天。世博会主题为"发现的时代"，是为了纪念发现美洲大陆 500 周年而举办的。共有 112 个国家和地区、23 个国际组织、17 个西班牙自治区和 7 家大的跨国公司参加，世界各地的 600 多名建筑师共同参与，把塞维利亚城边一块不毛之地开拓为一处雄伟壮观的展址。

可持续发展的观念在本届世博会的规划及建筑设计方面得到了很好的体现。本届世博会场址位于西班牙瓜达尔基维尔河旁的一个人工岛上，占地 215 公顷，原是一片废弃的、无人居住的砖瓦厂。世博会的建设通过对该区域交通基础设施的全面改善推动了区域整体的经济发展。

整个场地分为主题展馆区、西班牙展区和外国展区三个区域，规划布局合理，功能分区明确。主题馆分五处设置：15 世纪馆展示了航海探险的伟大发现；航海馆展示了航海技术的发展；自然馆展示了人类世界对于环境问题的关注内容和行动；发现馆展示了 15 世纪新大陆的影响以及其后科学领域的成就、工业革命的影响；未来馆有四个相对独立的主题展馆——环保馆、能源馆、电信馆及宇宙馆，囊括了全人类共同关注的问题。

在建筑设计方面，在可持续发展战略观念的引导下，建筑师关注的重点问题包括各种场馆如何实现后续利用、建造和拆除如何最小程度地影响环境、材料是否可回收利用、建筑是否节能等，在场馆建筑功能复合性、建造方法和建筑材料的选择方面都进行了充分的考虑。

本届世博会结束后，大部分展馆被拆掉，一些建造成本及拆除成本高的展馆被卖给西班牙政府，由政府单位使用或出租给公司。在展馆被拆后的空地上，利用原来完好的基础设施，建立了"塞利维亚科技园区"，园区中的建筑大多是世博会后留下来的，车行道也由世博会期间的人行道改建而成。

（1）英国馆——外围护的节能设计

由英国建筑师尼古拉斯·格里姆肖设计的英国馆，通过使用现代的材料和现场组装的构件来表现时代性。

英国馆使用了 3 种不同形式的立面围护方式：东墙是一面高 18 米、长 65 米的水墙，通过水的循环往返把外墙上的热量带走，以达到降温的目的；西墙受太阳辐射较强，为此，建筑师采用用集装箱充当的高蓄热材料作墙体，以吸收热量作为建筑的补充能量来源；在南、北墙上采用了外张拉结构，挂上白色聚乙烯织物作遮阳之用，弯曲的桅杆上片片织物犹如白帆，使建筑充满了诗意，又与航海有深层次的联系（图 5-36、图 5-37）。

图 5-36　1992 年西班牙世博会英国馆

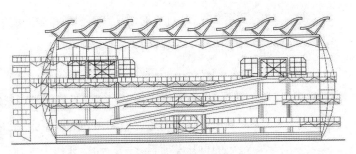

图 5-37　英国馆剖面

图 5-38　1992 年西班牙世博会日本馆

图 5-39　日本馆细部

这座展馆采用的水帘以及大面积的玻璃墙面看上去似乎需要消耗大量能量，但实际耗能仅为同类建筑的四分之一。

（2）日本馆——亲和性材料的选择

日本建筑大师安藤忠雄设计的日本馆长 60 米，宽 40 米，高 25 米，是当时世界上最大的木结构建筑之一。建筑在地面上有四层，由胶合木梁柱体系支承。屋顶是半透明的特弗龙张拉膜结构，建筑的正面和北面都是条状木板做成的弧面外墙。正面有一座 11 米高的太鼓桥直通顶楼，象征从传统到现代的过渡（图 5-38）。

日本馆旨在向世人展示日本传统的美学思想，安藤在设计中强调了材料本质的运用，采用温和宜人的木材，不施油漆，真正做到了对环境的最小影响，利于修建和拆除并进行再利用（图 5-39）。

2.1998年葡萄牙里斯本世界博览会——对后续利用的充分考虑

1998 年是葡萄牙航海家瓦斯科·德·伽马发现通往印度的航线 500 周年，在葡萄牙的推动下，联合国宣布 1998 年是"国际海洋年"，1998 年 5 月 21

日至 9 月 30 日在葡萄牙首都里斯本举办的世博会的主题和"国际海洋年"相同："海洋——未来的财富"。

会场用地原是该市东部一块废弃的石油储油罐旧仓库区和垃圾焚烧场。为了使这一地区得以再生，葡萄牙政府决定联合地方政府利用世界博览会的契机对其进行整体改造，因此得名"博览会城"，总面积达 330 公顷，是当时欧洲最大的再开发项目之一。葡萄牙作为主办国单独建立了国家馆——葡萄牙馆，以及海洋馆、乌托邦馆、未来馆、虚拟现实馆、水族馆等，并根据会后该地区的发展和利用计划，设置了剧场、火车站、仪式广场、水上舞台、缆车等配套设施。

世博会的举办推进了里斯本东部地区的重新开发，在其周围建起了交通枢纽、商业中心、住宅区、医院等永久性设施，建成了融居住、商务和休闲于一体的综合功能区，可称得上是一个都市建设计划的实施。世博会场址在会后如同里斯本的一个有机组成部分一样，融入城市纹理与脉络之中，展区市政设施和主要公共设施都能在会后再利用，先期开发的展览区与未来发展区，在空间结构和尺度、景观设计、道路照明、对历史元素的挖掘等方面，都具有相当的统一性和延续性。

本届世博会的建筑设计功能合理，同样充分考虑了后续利用问题，设计建造时已经考虑到会后作为举办展览、会议、体育比赛和娱乐活动等使用，展会期间的海洋馆略作整修后建成了海洋科研中心。在单体建筑的后续利用方面，主要体现在生态学设计及复合化多功能运用方面。

（1）乌托邦馆

里斯本世博会的乌托邦馆无论从建筑学的角度还是其象征意义来看，都具有重要的价值，观众将它与巴黎的埃菲尔铁塔和布鲁塞尔的原子塔相提并论。

乌托邦馆是一个椭圆形建筑物，展厅下沉 6.4 米，使建筑体量缩小并有利于人流疏散。建筑外围由椭圆形台阶环绕。结构用瑞典进口的松木制作，像一艘底朝天的巨大的船，共耗木材 5600 立方米。这座建筑的中心横梁跨度长达 150 米，侧梁也有 114 米。这是世界上首次用木材建造如此大跨度的建筑，其内部可以容纳一个足球场。建筑屋顶呈蘑菇状，内部顶棚由木格栅组成帆船结构，象征葡萄牙人海上的冒险经历，与展览主题相联系（图 5-40）。

建筑运用了多种节能处理技术：外部涂料用锌和石英，整个屋顶覆盖叠层锌片，含有数个岩棉绝缘层，建筑的隔热效果很好；地下和展览空间允许空气流动，建筑顶部可打开，利于通风；南立面冬天利用太阳照射，夏季形成阴凉，适应不同的气候；建筑立面的玻璃被外边的遮阴防护，只允许冬季阳光射入；屋顶百叶形成自动控制的遮阳系统，最大限度地利用自然光；建筑的周围建有小楼梯，形成方便的出入口，建筑的导热惰性也被提高。该馆作为七个"欧洲 2000 年节能项目"之一，节能比率最高，可比同规模建筑物节能 50%，同时又减少二氧化碳的产生，可降低空调系统带来的环境影响。

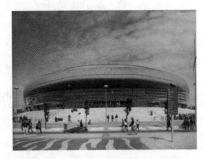

图 5-40　1998 年葡萄牙世博会
乌托邦馆

乌托邦馆建筑设计之初便考虑了展览会结束后作为里斯本的多功能馆使用。建筑内部由大西洋厅、商务中心等组成。大西洋厅具备进行展示、观演、体育比赛、音乐会、宴会、会议等多种活动的功能，商务中心同样具备宴会、会议、办公、文艺演出、讲堂等多种功能。

图 5-41　1998 年葡萄牙世博会海洋馆

（2）海洋馆

海洋馆建在水面上，通过栈桥与码头相连接。建筑屋顶的船桅杆造型将建筑体量分为四部分。主体建筑中有一个巨大的水箱，容量相当于 4 个奥林匹克游泳池，代表着整个海洋。水箱中生活着 200 多种鱼类（共 2 万条）。

该馆再生了全球四大生态系统：东方印第安生态系统、太平洋生态系统、南极生态系统、大西洋生态系统，展出的内容包括印度洋的珊瑚礁及热带鱼系、太平洋岩石海岸和海草水獭、南极风光和大群企鹅、太平洋海岸鱼类和海洋生物体等。

在建筑平面设计上将正方形平面的四角留出来作为展览之用，交通空间对称地安置在正方形四边的中部，功能布局合理且打破了立面的敦实感（图 5-41）。建筑内部布置了大量绿化景观，创造了良好的生态环境。

世博会后海洋馆成为欧洲目前最大的本土水族馆，完成了功能的转换。

3. 2000 年汉诺威世博会——高科技与人性化

以"人类、自然、科技"为主题的汉诺威世博会，会期为 2000 年 6 月 1 日至 10 月 31 日，延续了前几届从产品展示转向文化和概念展示的理念。这届世博会提出了"汉诺威原则（The Hannover Principles）"，其核心是"设计服务于可持续发展"。组织者希望通过这届世博会，让站在世纪之交的人们能够思考,在即将到来的新世纪中,人、科技与自然如何和谐相处。通过展示"世界项目"资助计划展示和组织"全球对话"的讨论议题,汉诺威世博会在探讨环境改善、环境投资、可持续发展和气候变化等方面起到了一种推动作用,把世界引向了更好的发展方向。

汉诺威是德国重要的展会城市之一,具有规模设施相当完备的国际会展中心,因此无论在 1992 年开始规划论证,还是最后定案,都把对原有展区的利用视为首要原则,展区规划很好地体现了可持续发展的基本主旨,把保护资源作为重要的议题。2000 年世博会占地面积 166 公顷,由东西两部分展区组成。西部展区利用原 90 公顷的汉诺威贸易展览会场地,经过适当的改造,成为世博会的主要场址,避免了不必要的征地。东部展区为新辟的克龙斯堡地段,占地 70 公顷。这一区域建造的展馆,分临时性和永久性两类。因此,在规划中,东部展区在世博会结束后将发展成以居住为主的新市镇,而永久性展馆则发展成新市镇的商业及休闲娱乐中心,解决了世博园周边地区的后续开发问题,充分体现了可持续发展的战略思想。

场地布局相对规整,有较大的室外集中场地,包括世博会广场、海浪公园、展会湖公园及移步换景公园等。展馆建筑集中布置在主题展馆区、租用展区、自建临时展区中,充分利用了场地中原有的展馆,对它们进行了功能改造,只新建了极小比例的新馆。建筑设计针对"人类、自然、科技"这一主题,确定相应的表达内容,通过高技术的利用和对人性的尊重很好地阐释了主题,在灵活性、能源的自给自足及材料的选用上表现出生态设计及人性化设计的思想。

遵照"汉诺威原则",规划者郑重声明:"不建造任何在世博会后无用的东西",避免曾经出现的世博会场在闭幕后成为一片"废墟公园"的结局。事实上,汉诺威 70% 的场馆会后都得到了利用,这在过去世博会上是绝无仅有的。

（1）26 号展厅

26 号展厅是为负责组织德国贸易展的德国汉诺威展览公司修建的,该项目被称作"2000 年世博第一展",其设计旨在体现当次世博会的主题,即"人类、自然、科技"。建筑长 220 米、宽 116 米,主展厅为宽敞的无立柱大空间,可灵活划分,各展区之间为交通及服务空间。餐饮中心、厕所、技术设备空间、空调系统以及垃圾处理等被安置在主展厅侧向的 6 个独立的方形结构中。

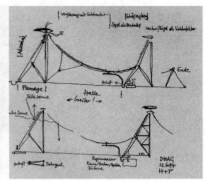

图 5-42　2000 年汉诺威世博会 26 号展厅外观及构思草图

　　展厅的外形是当时最先进的建造技术与最佳化环境可持续型能源利用相结合的产物，因此被誉为世界上最好的贸易展厅之一。建筑剖面为三跨结构，内部由支架型钢柱支撑悬挂式屋面和横向荷载，为展厅大部分区域提供足够高度的室内空间，便于利用热空气上升效应来实现自然通风。整个展厅采用了自然通风与机械通风相结合的供风形式，使得在空调能耗上的运作成本降低 50%。建筑北向有大面积采光窗为室内提供自然照明。此外，屋顶下部还安装了反光镜面，反射自然和人工光，进一步提高室内照明效果。建筑屋顶面积约 2 万平方米，屋面板采用可再生建筑材料——木材（图 5-42）。

　　（2）英国馆

　　英联邦在世博会期间租借了场馆，根据展览需求对建筑进行了室内外装修设计，避免了大量人力物力的浪费。建筑外形简洁，为方正的块体，悬挂式屋盖，外墙材料主要为玻璃和铝材（图 5-43）。内部设有多个展厅、写字间和工作间。建筑设计之初便考虑到会后的使用问题，设计理念基于一个灵活的建筑模型，内部安装了悬挂式顶棚和活动式房屋隔断，使其内部空间可灵活分割。建筑室外装饰符号均以"圆"作为母题符号，使内外空间整体协调统一（图 5-44）。

　　（3）荷兰馆

　　由荷兰建筑师事务所 MVRDV 设计的荷兰馆，其主导思想为"创造一个新的自由"。这座建筑占地面积 1000 平方米，建筑师们将典型的荷兰风景竖向叠成一片片"三明治"，建成为 40 米高的塔楼，独特的外观打破了传统的建筑形象，不仅在能源上自给自足，而且最大限度地利用了空间，其中涵盖了剧院、演讲厅等功能空间和 90% 的自然景观（图 5-45）。

　　该建筑分 6 个展层，将赏心悦目的荷兰景观集锦直观地呈现给人们：沙丘、

图 5-43　2000 年汉诺威世博会英国馆　　图 5-44　2000 年汉诺威世博会英国馆室内　　图 5-45　2000 年汉诺威世博会荷兰馆

耕地、树林、风力公园，还有一个带有岛屿的湖。该建筑有一个自给自足的风力发电系统和水循环系统。建筑的最顶层设有水泵，将循环水抽到屋顶，再以喷泉水景释放出来；喷泉水渗入五层的雨林，流入四层，成为分割剧院与演讲厅的水帘；接下来作为外墙冷却水流过三层，再作为植物浇灌水流到二层，最后汇入地表沼泽。水、建筑、能源与景观的关系在这座塔楼里得到了生动的诠释。

这一设计强调了荷兰人充分利用现有土地的能力，并以此来说明该国的土地是荷兰人从大海中挽救出来的。荷兰馆以这种全新的自然空间组织形式和自主的能源系统，向世人展示了他们运用现代技术，来达到人与自然和谐发展的境界，也为城市空间未来的自然化问题作出了解答。

（4）瑞士馆

瑞士建筑师彼得·卒姆托尔设计的汉诺威世博会瑞士馆，仿佛是一个产自瑞士的做工精美的八音琴音乐盒：将加工好的 37000 块来自瑞士本土的松木条，以最原始的方式累积成架空的 9 米高的木墙，12 组共 98 面木墙通过平面的纵横、穿插、组合，构成 3000 平方米迷宫式的展馆。"盒"中有"通道""内院"和"中庭"等，人们可以从任何一个角度不受限制地进入其中，内部没有任何展示物品，展馆本身就是一个为观众提供各种感官体验的场所，身处其中的人们，可以嗅到树木的芳香，感触木材的肌理，感知自然的通风、阳光、雨滴以及丰富的自然光线变化，欣赏瑞士传统乐器演奏的音乐，感受轻松与休闲。这种空间结构也象征着瑞士人的开放心理（图 5-46、图 5-47）。

展馆的建设体现了真正的生态环保理念，建筑师放弃所有会损坏木材本身的连接方式，没有钉子，没有螺栓和胶粘剂，板条之间的搭接、固定仅借助于钢杆和弹簧。世博会闭幕后，这一展馆被拆除，材料在瑞士某地完好如初地被重新使用，设计师把世博会这 5 个月的时间作为这些木材的"干燥期"。

图 5-46　2000 年汉诺威世博会瑞士馆　　　　图 5-47　瑞士馆细部

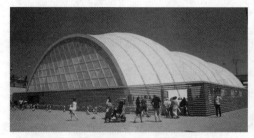

图 5-48　2000 年汉诺威世博会日本馆　　　　图 5-49　日本馆室内

（5）日本馆

日本建筑师坂茂设计了既具日本传统又体现可持续发展的纸建筑，其结构来源于回收加工的纸料，这些自然的材料在世博会后还百分之百加以回收再利用，返回日本，做成小学生的练习本。展馆长 72 米，宽 35 米，最高处达 15.5 米，全馆面积 3600 平方米。主厅拱筒形结构由 440 根直径 12.5 厘米的纸筒呈网状交织而成，舒缓的曲面以织物及纸膜做内外围护，屋顶与墙身浑然一体。该设计不仅体现了对环境、人性的尊重，更体现了对民族传统文化的尊重（图 5-48、图 5-49）。

4. 2005年爱知世博会——租赁式场馆设计

本届世博会为一次综合性的世界博览会，举办时间为 2005 年 3 月 25 日至 9 月 25 日。场地位于爱知县的濑户市、长久手町、丰田市，占地 173 公顷，分为海上区域和青年公园两部分。考虑到大规模建设可能对自然环境的破坏，日本政府在总体规划和建筑设计方面都坚持尊重自然的理念，尽量在减少对自然影响的前提下进行世博会的建设。

世博会的主题是"自然的睿智"，即在宇宙、生命和信息之间发挥人类的技巧和智慧,探索可持续发展的循环型社会。副主题为"宇宙、生命和信息""人生的'手艺'和智慧""循环型社会"。日本政府延续了以往以世博会带动地区经济复兴和发展的思路,试图借此振兴日本中部的经济。会场的建设将最小限度地影响现存环境条件,以保证丰富多彩的交流和表现世博会主题。日本把这次世博会作为开创新时代地域的"奔向未来的发动机",对"科学技术"高度重视,不仅将其应用于产业,也积极地纳入日常生活中,体现"生活的睿智"。其多元智能交通系统中,就有磁悬浮高速列车、无人驾驶与有人驾驶相结合多元型智能的公交系统、靠电池行驶但最后只产生水或水蒸气的绿色巴士,以及未来人行道等。

本届世博会极力主张自然环境保护及减少废弃物、再利用和循环利用的原则,减少对环境的改造并保护自然。场地规划上在空中设计了一条弯弯曲曲的高架环路,避开池塘和一些珍稀动物的栖息地;对未能保留的树木,砍伐后尽可能物尽其用,小尺寸木料都粉碎成木屑,通过高科技环保技术加工,用来铺路;遮阳降温的问题也用淋水喷雾或者地热空调系统解决;厕所是节水型环保厕所;采用屋顶、墙面绿化等。

展馆建筑大体上可分为两大类型。一类为日本国家馆及企业馆,如长久手日本馆、三菱未来馆、三井东芝馆、丰田集团馆等,这些场馆与历届世博会建筑类似,在建筑形态上追求新奇,不论在技术上还是在建筑设计上均体现出鲜明的时代特征。一类为各国国家馆,场馆数量占绝大多数,均为租赁式场馆,建筑易于组合、可拆卸、可再利用,大大减少了建设成本,同时对自然的破坏较小,成为未来世博会场馆设计的新趋势。

A. 国家馆及企业馆

(1) 日本馆

位于长久手展区的日本馆占地8029平方米,建筑面积5947平方米。建筑构思源自竹笼,表达了"重新连接渐渐疏远的人类与自然的关系"的设计意图。建筑物的表面用三万株柱子的竹条编织而成,远远望去,犹如一个巨大的蚕茧(图5-50)。竹笼最长为93.5米,最宽处为73.5米,高19.47米,共用掉产自日本九州及关中地区的竹子23000根。展馆的内部是一个双坡面的二层木结构,屋顶上覆盖着源自日本民居的竹瓦。为保护山林,木结构的束柱、组合柱以及箱形梁都利用间伐材,用竹制的暗榫或胶粘剂将间伐材连接成结构构件,在有效利用材料的同时,创造了特殊的室内空间效果(图5-51)。

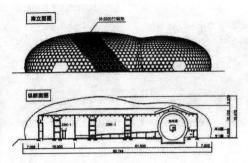

图 5-50　2006 年爱知世博会日本馆　　　图 5-51　2005 年爱知世博会日本馆立面及剖面

建筑构架是用竹子做的，外面的屋顶和墙体是纸做的，它可以使阳光变得柔和，并通过墙面绿化和间伐木材节省能源，构造良好的自然通风环境，整座建筑物可以说是一座新技术和传统材料的试验场。竹子经过特殊的烟熏处理，克服了发霉、龟裂、虫害等弱点，重量轻，再利用性能优异；竹纤维的吸声性能和隔热性能优越；把竹子编成六股使用，则使整个建筑既美观大方，又坚韧牢固。"竹笼"材料全部可以再生利用，最后可作为学生教科书的用纸。

除了竹子之外，该建筑还采用了一些高科技的新型绿色建筑材料，如内层建筑的北墙墙体由聚乙烯乳酸塑料、发泡缓冲材料和空气泡构成。这些材料用淀粉和食品废弃物制成，所以在建筑废弃后，经过粉碎和发酵，不到一个月的时间内，就会在微生物的作用下还原为原生土。展馆内的地坪采用节能的低温烧制地砖，移到室外两年左右，也会还原成土壤。

该建筑还应用了各种各样的新技术，包括采用最尖端技术的新能源系统、降低空调负荷的竹笼、超亲水性光触媒钛钢板流水降温屋顶、通过植物叶子蒸腾给周围带来清凉的绿化墙等。

（2）日本企业馆

企业馆在爱知世博会上扮演着十分重要的作用。其中最突出的是三菱未来馆、丰田集团馆和日立集团馆（图 5-52）。

三菱未来馆的外观是一面墙壁包卷的建筑，馆内有世界首创的全新影视空间。在回应世博会的主题方面，为减少用材以及拆除后的再利用，建筑基础未采用桩基，墙体承重结构所用钢材采用搭建脚手架的钢材，世博会后可循环利用。其建筑外墙应用了岩石、塑料瓶、竹子、植物等可再生和可利用的材料，室内地面用土和木屑铺装，建筑的墙面和屋顶上栽种了与季节相配的各种植物，不仅呈现出生机盎然、丰富多彩的景象，而且起到降温和减少能耗的作用。

三菱未来馆

丰田汽车馆

日立集团馆

图 5-52　2005 年爱知世博会企业馆

丰田集团馆以"地球循环型展馆"的理念建造，体现"零排放"的可持续设计。展馆的主题是介绍 21 世纪"与地球共生的移动方式""全球规模移动的喜悦与梦想"。高达 30 米的展馆外墙是利用旧报纸和树脂膜等材料制成的 6 毫米厚再生纸板，外围钢结构框架。展馆内壁采用能够吸收二氧化碳的植物材料——孟买麻，以净化室内空气。

日立集团馆最大限度地利用占地空间，建筑物的一部分被削成峡谷，其间流淌的循环水为整个展馆降温，是最天然的"空调"；观众可以通过新开发的世界上最小的 IC 芯片，乘上游览车，直接与虚拟的稀有动物交流。

B. 参展国场馆

爱知世博会各参展国的场馆均采用主办国提供的标准模块组合而成。标准模块为长宽各 18 米、高 9 米的立方体，每个参展国最多可以选用 5 个模块，模块组合方式和建筑立面装修及室内装饰设计均由各参展国负责。标准模块通过平面组合产生不同体量、不同体型的建筑空间，同时采用灵活多变的组团模式（线状组团、粗线状组团、散状组团、放射状组团、封闭式组团），形成六个全球共同展区，各展区由参展国单元构成，模块组合富于变化，也形成了丰富多变的外部空间。

统一标准模块组合的建筑场馆在形象设计的创造上具有一定难度。各国场馆在建筑体型、立面处理上采用了巧妙的手法，如外加走廊、内凹外廊，增加突出物，顶部内缩等，使原本单调的体型生动而富于变化，在设计上尽可能突出场馆主题，创造出极具个性的建筑形象。

（1）西班牙馆

西班牙馆的设计主题为"艺术与生活智慧的共生"。建筑试图表现西班牙传统文化中地域文化的融合，将西班牙的历史遗产和对未来的构想结合在

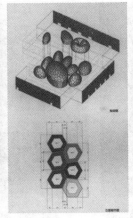

图 5-53　2005 年爱知世博会西班牙馆

空间元素中，以庭园、教堂和礼拜堂、拱和券、格架和窗饰等形式体现，模仿教堂的中廊和小礼拜堂的序列关系形成空间序列，以六边形格网为基础设计了六种不同单元组成的格架，其色彩源自西班牙国旗上的红色和黄色系列，代表西班牙文化中的特色元素：葡萄酒、玫瑰、血性（斗牛）、太阳、沙滩等。多种几何形体的色彩结合在一起，最大程度地丰富了场馆的视觉效果。

展馆的外墙采用由西班牙再生材料生产的 1.5 万块六角形陶瓷釉面砖，格子墙高 11 米，厚 25 厘米，犹如一个色彩斑斓的"大蜂巢"。建筑内部空间设计打破了方形规则空间和框架的束缚，在展厅的大空间里随意勾画出自由曲线，形成奔放、浪漫的效果（图 5-53）。

（2）波兰馆

波兰馆的主题为"看见美丽"。设计师采用了一系列手法来突出这一主题，并使之与世博会主题相贴切。建筑采用模型技术形成了双向弯曲钢模块化系统，外墙材料采用柳条编织，形成细腻柔和的质感，曲线体型与标准模块骨架组合形成了通透、自然、和谐的外观，表达波兰的自然景观形象和肖邦音乐中的自然环境。建筑外形通过计算机模拟成型，以艺术家手工编织的柳条为表皮，体现出高科技与手工技术的高度有机结合（图 5-54）。

在空间处理上，柔和曲线包围的空间完全打破了外廊式界限，超越了标准模块组合的种种约束。建筑竖向交通用大台阶连接，象征波兰从北部的波罗的海到南部的山脉景观，以空间语言展示了本国的自然特点。

（3）加拿大馆

加拿大馆的设计主题为"异样的智慧"，采用了象征加拿大国家标志的枫

图 5-54　2005 年爱知世博会波兰馆　　　图 5-55　2005 年爱知世博会加拿大馆

叶来强化主题。枫树是加拿大的国树，红枫叶代表全体加拿大人民，是加拿大民族的象征。该馆建筑立面设计采用以枫叶为母题的装饰，特别是主入口处设置了突出墙面的枫叶造型的钢构架，体现了自然主题的同时表现了本国的特征（图 5-55）。

5. 2008年西班牙萨拉戈萨世博会——对"水"主题的全面表达

本届世博会是介于 2005 年日本爱知世博会和 2010 年上海世博会两个注册类世博会之间的非注册类专业世博会。举办时间从 2008 年 6 月 14 日至 9 月 14 日，主题为"水与可持续发展"，目的是为各国提供一次展示各自对世界水文化创新贡献的独特机会，主要展出与"水"有关的产品，如水力发电设备、节约用水设备、净化水设备，以及有利于城市可持续发展的淡水处理和循环利用设备等。

世博会园区位于萨拉戈萨的母亲河——埃布罗河畔的发展新区阿拉贡自治区。西班牙通过举办本届世博会的机会带动了该地区的经济发展，新型建筑林立而起，交通状况得以改善，旅游业也由此得以提升。

萨拉戈萨世博会在场馆和建筑的规划设计上、大型活动及各种表演的安排上都充分体现"水元素"。在世博会展区，"水"大量地应用于整个世博园区和配套设施的设计中。在仅有 25 公顷的园区内，组织者通过河流水族馆、桥和水塔等主题馆以及主题广场进行主题演绎。参展国家、地区、国际组织则通过影视多媒体、物品、图片、案例等各类方式，呈现五彩缤纷的多元文化以及不同文化背景的人们对水的认识。

图 5-56 2008 年西班牙世博会桥馆

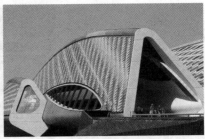

图 5-57 桥馆入口

（1）桥馆

世博会主办方希望设计一处跨越埃布罗河的封闭展示空间，并公开竞标。扎哈·哈迪德（伊拉克裔英国女建筑师，2004 年普利兹克建筑奖获奖者）设计的桥馆中标，成为 2008 年世界博览会的三大主题馆之一。该桥是西班牙唯一具有室内空间功能的桥梁，是一座包含人行天桥和展览馆功能的综合体。这座桥梁作为永久建筑被保留，并在萨拉戈萨北岸地区的重建工作中起到重要的作用。

建筑造型是由四个结构元素错综交织在一起，形成完整封闭的空间，它们相互区别而又相互联系，以流动的动态设计诠释了博览会的主题：水和可持续发展。桥通体白色，外形酷似一株剑兰，其曲线外观长 270 米，横跨埃布罗河，连接两岸跨度达 185 米。建筑的顶部由金属板重叠而成，构思取材自鱼的鳞片。桥的内部桥馆分为两层，总共约 3100 平方米，其中可供展览区面积约 2700 平方米，内部大型的展示厅为世博会的主题展览提供展示空间（图 5-56、图 5-57）。

（2）水塔

水塔高 76 米，23 层，外形酷似水滴，造型别致。塔体是以玻璃、钢铁和水泥为材料的混合结构，是整个世博会的地标，也是萨拉戈萨最高建筑。建筑外墙以巨大的三角形围栏做面板，既阻止风力，承受框架、遮阳棚、坡道的重量，也强化了整个建筑的结构。

水塔内设有"水，生命之源"展览，介绍水的特性和水对生命的重要性。塔体内部没有楼层，底层是展厅，顶部是观景台，只有依墙而建的螺旋步道贯穿整个空间。步入"水塔"，迎面是几道光影照射的水帘，绕过水帘，就进入了展厅，展厅的中心是一组玻璃管从上方垂下，水滴沿玻璃管流下，滴入一个巨大的圆形水池，水声悦耳。

塔体外观　　　　　　　　　　细部　　　　　　　　　内部大厅

图5-58　2008年西班牙世博会水塔

乘自动扶梯向上约三层的高度，就进入了展厅上层，除了依墙而建的螺旋步道，展厅正中是一个高达23米、名为"飞溅"的巨大雕塑，宛如溅出的水的姿态，隐喻着"生命来到我们这个星球"。螺旋步道坡度不陡，采用双螺旋设计，将向上和向下的观众分流，各行其道，秩序井然。向上的过程中，观众还可以从不同角度观赏"飞溅"雕塑，别有一番不同的视觉享受（图5-58）。

（3）淡水水族馆

以"道德经"命名的淡水水族馆表达了天人合一、人类与水和谐相处的理念，展馆面积7850平方米，由分别代表全球5大生物的5组立方体错落组成。展馆内设计了50个主题鱼缸，大约装了300多万升的水。人们可以穿越全长600米，以世界5条著名河流命名的通道（尼罗河、湄公河、亚马孙河、墨累达令河、埃布罗河）来游览河流风景。建筑立面上设有流淌的瀑布，水来自屋顶平台，同时用磨砂玻璃幕墙象征冰河，以褐色面砖的墙面象征干旱。参观者通过水声、鸟叫声、湿度、雾气变化来感受不同的生态环境（图5-59）。

（4）主题广场

本届世博会设立了6个有独立主题的广场，称之为"生态大道"。6座建筑分别命名为"干旱"、"水之城"、"水之极端"、"家园、水和能源"、"水资源共享"、"水之启示"。各个建筑外形新颖，富有创意（图5-60）。建筑的平面都采用圆形，象征水滴，建筑的形状也都与水相关，在世博会期间展示不同的内容。

图 5-59　2008 年西班牙世博会淡水水族馆

干旱　　　　　　　　　　　　　水之极端　　　　　　　　　　　家园、水和能园

图 5-60　2008 年西班牙世博会主题广场

（5）西班牙馆

西班牙馆场馆主题为"水之风景"，力图展现一个动态、现代、科学和具有创造性的西班牙。设计理念是希望重现一个森林空间，一片水面上的竹林。建筑顶部巨大的屋盖为建筑提供遮阳，林立的柱子是在钢结构外面套上陶土管子，柱子立在水池中，水沿着陶管向上渗透，又将水分向空气中蒸发，提供湿润而又阴凉的小气候环境，节约能源，并且形成空间的光线变化，展示空间的垂直性和深度。建筑选用了朴素的赤陶土、软木等材料，最大程度地体现出与主办国西班牙相适应的内涵和表现形式（图 5-61、图 5-62）。建成的场馆与周围环境相对孤立，通过构件的搭建组合形成单一的建筑形体，施工简单、便于拆除、节省造价。

（6）中国馆

中国馆以"人与水，复归和谐"为主题。采用中国传统的水纹图案与吉祥图案的组合，表达了中国人对水的美好感情。在中国馆门前，笑容可掬的上海

图5-61　2008年西班牙世博会西班牙馆　　　图5-62　西班牙馆立柱细部

图5-63　2008年西班牙世博会中国馆　　　图5-64　2008年西班牙世博会中国馆室内

世博会吉祥物"海宝"，正挥手欢迎观众参观中国馆。

中国馆通过交互式多媒体演播系统、数码合成虚拟现实装置系统等高科技手段，向人们展示在具有五千年文明史的中国，世代中国人治水、用水的历史以及所取得的成就和经验，表现了中国人的智慧。

全馆分为四大展区："水孕中国"主要展示黄河文明与长江文明，探讨水与中国文明发生、发展的关系；"水利中国"重点展示中国的治水工程，同时介绍古代"海上丝绸之路"；"水文中国"主要展出宽屏影片《水德》，电影厅内播放的影片讲述了人与水和谐相处的美妙景象；"复归和谐"主要通过水滴装置与虚拟生命体互动装置来阐释生命与水的关系，提倡人与水复归和谐（图5-63、图5-64）。

6.2010年中国上海世界博览会——可持续发展观的体现

中国2010年上海世界博览会（Expo 2010），是第41届世界博览会。于2010年5月1日至10月31日在中国上海市举行。此次世博会也是由中国举办的首届世界博览会。上海世博会以"城市，让生活更美好"（Better City，Better Life）为主题，展现"低碳、和谐、可持续发展"的城市，并且它是第一个正式提出"低碳世博"并全力实践这一概念的世博会。

世界博览会会场位于黄浦江两岸，南浦大桥和卢浦大桥区域，并沿着上海城区黄浦江两岸进行布局。世博园区规划用地范围为 5.28 平方公里，该地区在上海的总体规划中被确定为公共开放空间。世博会场馆的建设将为黄浦江两岸增添滨江岸线景观，启动黄浦江两岸地区公共开放空间的改造和更新，提升该地区的城市功能，促进城市的可持续发展。

世博会选址规划控制区域内有 326 家企事业单位和约 25000 户居民，其中有钢铁厂、化工厂、修船厂、发电厂、港口机械厂、码头等，棚户区和质量较差的住宅群与工厂混杂在一起。世博会园区规划的概念是充分利用原有的工业设施，改造并有效地保护历史建筑。在世博会场馆的建设过程中，一些具有历史价值和利用价值的工业建筑、船坞和构筑物将得到有效的保护并计划改造成船舶工业博物馆、商业博物馆和能源博物馆等。规划还将治理环境放在重要的地位，与此同时倡导实验性城市社区的建设，探索新的城市结构理念。

上海世博会是继 2000 年汉诺威世博会后，充分表现当代世界建筑的实验场，这次世博会在一定意义上说也是一次名副其实的万国建筑博览会。除 42 个国家馆外还有 42 个租赁馆和 11 个联合馆。42 个国家馆集中了各国建筑的精华，通过设计竞赛选择最佳方案予以实施。一方面通过展示策划诠释世博会的主题，另一方面探索各自的文化与中国文化的契合点，寻求如何使中国人民以最佳的方式去了解他们的文化，从而予以充分的表现。上海世博会的建筑设计改变了传统的从形式、功能等狭窄范围出发的设计思路，在系统论指导下，站在建筑物的整个生命周期的高度，综合考虑建筑的材料、施工、使用维护、拆除及利用等阶段的资源和能源的合理利用，减少废物排放，设计可持续发展的建筑。

上海成功申办 2010 年世界博览会，为上海的城市建设、环境保护、经济和社会发展、提升城市品位和市民综合素质带来了巨大的机遇和挑战。世博会带来的主要经济效应有推动上海产业结构的调整、带动基础设施建设的升级、增加就业机会以及后续经济效应等。另外，世博会还给上海带来其他效应，如推动发展中国家在国际经济活动中的参与度，提高上海的知名度和区域辐射效应等。

图 5-65　2010 年上海世博会中国馆　　　　图 5-66　中国馆细部

（1）中国馆

展馆建筑外观以大红色斗栱造型的"东方之冠"表达"鼎盛中华，天下粮仓，富庶百姓"的构思主题，体现中国文化的精神与气质。

在场地设计上，整合场地南北城市绿地，形成坐南朝北、中轴统领、大气恢宏的整体格局，体现了传统中国建筑与城市布局的经验与智慧。在总体布局上，国家馆居中升起、层叠出挑、庄严华美，形成凝聚中国元素、象征中国精神的主体造型——"东方之冠"。主体建筑高 61.6 米，最高点高 68.8 米，总建筑面积约 16 万平方米。国家馆的建筑造型凝聚了中国元素，篆字的二十四节气印于其上，既突出"冠"的古朴，又可以让人们饶有兴趣地辨识这 48 个字。整个建筑从色彩到构架都象征着中国的时代精神，成为城市中的建筑雕塑。建筑师试图以中国红表现东方的哲学，以传统造型诠释现代科技，表现"天人合一，天地交泰"的哲学理念。地区馆水平展开、汇聚人流，以基座平台的舒展形态衬托国家馆，展现出属于城市、面向世界的中国大舞台的形象（图 5-65、图 5-66）。

在技术设计上，层层出挑的主体造型，显示了现代工程技术的力度美与结构美；对生态节能技术的综合运用显示出设计者对环境与能源等当今重大问题的关注与重视。中国馆的设计引入了最先进的科技成果，使它符合环保节能的理念。四根立柱下面的大厅是东西南北皆可通风的空间。外墙材料为无放射、无污染的绿色产品，所有的门窗都采用 Low-E 玻璃，不仅反射热量，降低能耗，还喷涂了一种涂料，将阳光转化为电能并储存起来，为建筑外墙照明提供能量。国家馆顶上的观景台也引进最先进的太阳能薄膜，储藏阳光并转化为电能。顶层还有雨水收集系统，雨水净化用于冲洗卫生间和车辆。主体建筑的挑出层，构成了自遮阳体型，为下层空间遮阴节能。所有管线甚至地铁通风口都被巧妙地隐藏在建筑体内。平台上厚达 1.5 米的覆土层，可为展馆节省 10% 以上的能耗。

展馆的展示以"寻觅"为主线，带领参观者行走在"东方足迹""寻觅之旅""低碳行动"三个展区，在"寻觅"中发现并感悟"城市发展中的中华智慧"。核心展示层"东方足迹"，采用梦幻的轨道车，是中层的主打项目。将"水"元素贯穿始终，既是对东方智慧的一种凝练，也是一次对全球水资源紧缺问题的呼应，更是展现了人与人、人与环境、城市发展与自然环境之间的和谐。

（2）法国馆

法国馆以"感性城市"为设计理念，以"感官体验"为参观的主题，让参观者通过味觉、视觉、触觉、嗅觉、听觉等与建筑、自然互动，体验法国的魅力。

在空间体验上，建筑师采用"回"字形的空间布局及底层架空的设计手法，形成外立面和内立面两种界面。外立面采用网状的混凝土构架，整个网架漂浮在水面之上，尽显未来色彩和水韵之美；内立面采用"立体园林"为主题，将法国传统的园林景观与现代建造技术相结合，与外立面形成鲜明的对比。展览流线将庭院立体绿化和屋顶花园串联在一起，整个动态的流线，一侧是以外立面内侧墙体为背景显示的高科技动态投影，另一侧则是点缀着繁花的立体花圃和透射进来的自然光线。参观者、建筑和自然在这里相互对话，空间贯通流动，富有层次感和趣味性。

馆内，美食带来的味觉、庭院带来的视觉、清水带来的触觉、香水带来的嗅觉以及老电影片段带来的听觉等感性元素，带领参观者体验法国的感性与魅力。除此之外，在展馆内设置大量的视频投影、活动图像，以及不规则线条外框、反射跳动的波光等，强调了建筑物的动感和平衡感。

法国馆在设计过程中提倡"创新、生态、可持续"，强调"都市生活中的自然之美"。建筑外立面的菱形白色网架表皮，其材料是新研制的玻璃纤维加强混凝土，这种材料的防震、防风、抗压的属性比一般的混凝土要好许多。除了加强建筑结构之外，整个网架被细分为模数化构件，以工厂预制、现场组装的方式进行建造，易于回收利用（图 5-67）。

建筑整个内庭院和屋顶都被绿色植物所覆盖，其建筑材料均为可循环、可降解的材料。如固定花圃的网架结构，采用模数化的构件，低碳环保且可循环

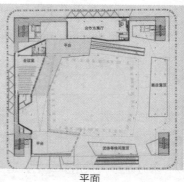

外观　　　　　　　　　　　平面　　　　　　　　细部

图 5-67　2010 年上海世博会法国馆

图 5-68　2010 年上海世博会日本馆鸟瞰

图 5-69　2010 年上海世博会日本馆外观

利用。内院及屋顶的绿色植被为建筑起到遮阳和保温隔热的作用。巨大的屋顶平台上设置了太阳能光伏发电板，为整个建筑提供了免费而绿色的能源。除此之外，园区各展馆的设计还使用了屋面光电幕墙系统、雨水收集系统等技术来减少二氧化碳的排放、降低水资源的消耗。

（3）日本馆

日本馆建筑外观为高贵的紫色，形如蚕茧，因而被称作"紫蚕岛"。其设计理念是一座"会呼吸的展馆"，"像生命体那样会呼吸、对环境友好的建筑"。

建筑造型宛如生命体一般，弧形穹顶上设三个呼吸孔、三座排热塔。透明夹层外皮为淡紫色，由象征太阳的红色与象征水的蓝色融合而成。外部由透光、轻质、高强、可回收利用的夹层薄膜 ETE 包围，夹层中埋设有曲面太阳能电池，既可为建筑提供绿色辅助能源，又会随着阳光的变化及夜景照明的变化变换"表情"，使得建筑可以感受周围环境的变化（图 5-68、图 5-69）。

在结构方面，由于日本馆采用了屋顶、外墙等联成一体的半圆形的轻型结构，使得建筑施工对周边环境影响较小。此外，日本馆的设计中还融入了一些古老的日本传统环保手段，以加强建筑的自然风冷效果。展馆墙表面的喷雾系统通过人工制造雾气，利用从周围吸取热量的汽化热来制造清凉的环境。呼吸孔与排热塔用于室内外空气的交换，强化冷暖空气流通，同时具有采光、收集雨水、散水降温的"呼吸"功能，可减少空调能耗和照明用电。

（4）西班牙馆

西班牙馆外观宛如一个流线型、不规则的"藤条编织的篮子"，其奔放、张扬的个性让人不禁联想起富有浓郁的地中海畔"斗牛王国"的风格。整座建筑采用天然藤条编织成的一块块藤板作外立面，通过钢结构支架来支撑，呈现波浪起伏的流线型。阳光可透过藤条缝隙，洒落在展馆内部。

8524块藤条板质地颜色各异，面积达到1.2万平方米；每块藤板颜色不一，它们略带抽象地拼搭出"日""月""友"等汉字，表达设计师对中国文化的理解。藤板用钢丝斜向固定，像鱼鳞一样排列，既牢固又美观。这些深浅各异的藤板都是在孔子的故乡山东制作完成的，不经过任何染色，藤条用开水煮5小时可变成棕色，煮9小时接近黑色，这就是这些藤板色彩不一的"秘诀"。在整个设计过程中采用3D计算机技术进行准确定位与计算，钢和藤条不仅方便拆卸，也可以让自然光随意地透过射进室内（图5-70）。

展馆内设"起源""城市""孩子"三大展示空间（图5-71）。第一部分展厅"起源"展露了它的全貌。参观者仿佛置身"岩洞"，头顶有点点"星光"，视听设备将影像打在"岩壁"上，奔腾的海洋、远古的化石，弗拉明戈舞者在激昂的鼓点中翩翩而至，穿着原始服装的舞者将从屏幕里"舞出来"。第二展厅"城市"的设计者巴西里奥·马丁·帕蒂诺在《彼得大师的木偶戏》的旋律中，以独特的万花筒方式展现西班牙城市从近代到现代的变迁。第三展厅"孩子"中，伊莎贝尔·库伊谢特以"西班牙国家馆的孩子"——吉祥

图5-70　2010年上海世博会西班牙馆

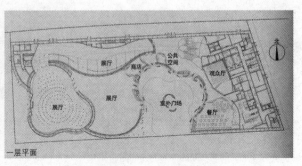

图5-71　西班牙馆平面

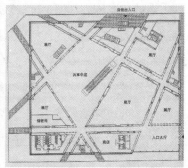

图 5-72　2010 年上海世博会意大利馆　　　　图 5-73　意大利馆平面

物"米格林"的视角遥想未来生活，小米宝宝和游客们一起畅想明日城市。在总面积达 8000 平方米的大厅内，主要使用了竹子和半透明纸作为材料，顶部则使用太阳能板。设计方案也考虑到了上海台风、梅雨和高温等气候因素，因此建筑不仅非常牢固，场馆设计也考虑到了如何调节室内温度。

（5）意大利馆

展馆设计灵感来自上海的传统游戏"游戏棒"，由 20 个不规则、可自由组装的功能模块组合而成，代表意大利 20 个大区。整座展馆犹如一座微型意大利城市，充满弄堂、庭院、小径、广场等意大利传统城市元素。展馆内部的水和自然光营造出一个舒适温馨的环境，参观者行走其间可以尽情感受别样风情。

展馆采用新型材料——透明混凝土，实现不同透明度的渐变，显示建筑内外部的温度、湿度等。展馆通过展示意大利在科技、音乐、时尚、建筑等领域的成就，呈现了一个充满生气和幸福感的城市（图 5-72、图 5-73）。

展馆还特别设计了一些像"刀锋"一样的切口，它们轻轻地悬挂在建筑的三边上，并穿透到建筑的内部。这些"刀锋"不仅使场馆的外形富于动感，还可以将外部光影反射到馆内帮助照明，并与中央大厅一起形成一条通风走廊，调节场馆内的温度。

（6）英国馆

英国馆的设计是一个没有屋顶的开放式公园。"种子圣殿"是英国馆创意理念的核心部分，"种子圣殿"外部生长有六万余根向各个方向伸展的触须。这些有机玻璃材质的"触须"分布在整个建筑外墙的表面,随风飘动（图 5-74）。所有触须都通向一个种子库。白天，触须会像光纤那样传导光线来提供内部照明，日光将透过亚克力杆，照亮"种子圣殿"的内部，并将数万颗种子呈现在

图 5-74　2010 年上海世博会英国馆

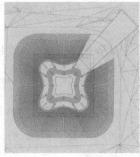
图 5-75　英国馆平面

图 5-76　英国馆内部

图 5-77　2010 年上海世博会韩国馆

图 5-78　韩国馆外墙

图 5-79　韩国馆室内

参观者面前。在种子库里起码有 6 万颗活的植物种子，体现了英国人的创意和创新精神（图 5-75、图 5-76）。

（7）韩国馆

展馆外立面以立体化的韩文和五彩像素画装饰，以"沟通与融合"为元素，展现韩国风情（图 5-77、图 5-78）。展馆格局恰似一个微缩的首尔，将首尔按比例"移到"上海，通过尖端数码和普适技术使两个城市间能够实现直接交流，一步一景。一层是按比例缩小的韩国首尔，通过影像展现"我的城市"；二层展示"我的生活"，用高科技手段演绎文化、科技、人性和自然；"我的梦想"展区展示未来技术，并预展 2012 年丽水世博会的美妙画卷。

韩国馆地面大部分都是开放的户外空间，借此可以体现融合城市的概念。等候区域被称为"我的街道"，参观者宛若置身于首尔街头（图 5-79）。

整个展馆的外立面由合成树脂做成。在上海世博会结束后，这些树脂外立面被全部拆除下来，"变废为宝"，制成环保袋，分发给上海市民。

底层的开放式空间还能够增加空气的循环量，通过自然通风而不是人工造冷，来解决世博会期间可能遇到的高温天气。

7. 2015年米兰世界博览会——"反纪念碑"的规划理念与可持续建筑设计

2015 米兰世界博览会以"滋养地球，生命能源（Feeding the Planet, Energy for Life）"为主题，颠覆了宏伟纪念性建筑的设计方向，创造了给市民使用的自然景观，展示了生态的可持续性，以及意大利传统文化景观。世博会的场址将科技创新与周边的农场融为一体，其设计突显了意大利数千年的历史风韵。它的规划格局受到了古罗马兵营的启发，所有建筑沿一条主轴展开，中间横穿一条较短的小道，形成一条水平轴和一条垂直轴，参展者可以沿着两条轴线布置其主题展区。各国的展馆沿主轴布置，而意大利的展馆则沿着小道布置，并按照不同的区域以及各自所属的城市和省份划分展区。

本次米兰世博会共有 53 个国家自建馆，2 个国际组织自建馆，9 个国家联合馆以及企业馆和 NGO 组织展馆。功能区域分为零号馆、未来食品超市、儿童乐园以及生物多样化公园。所有的建筑场馆都有可拆卸及降解的设计，在世博结束后，世博园场地变为植物花园以及城市公园，除意大利馆外，不会留下任何废弃的建筑。

在世博场馆内外举办的各种活动也突显出"滋养地球，生命能源"这一主题。在各国家展馆、主题展区、公共会议以及世博会的各项倡议活动中，人们重点讨论食品安全、环境保护、应对营养不良问题以及食品教育。

2015 年米兰世博会的参展方包括国家、国际组织、公司、协会和民间团体。参展方需要对展览项目说明各自对米兰世博会的诠释，项目内容包括建筑结构、演出、实验设施和其他参展形式。60 多个国家建造自己的展馆，而其他国家则将在"集群区"进行展出，这也是 2015 年米兰世博会设计的一种新型参展形式。

（1）意大利馆

意大利馆占地面积约 1.3 万平方米。建筑的构思是"通过建造一座体现意大利伟大建筑传统的当代建筑，创造性地表达出人是作为一个社区中的个体而聚会的理念"。意大利馆由 6 层的意大利宫和沿商业街布置的若干临时建筑两个部分组成。

意大利宫的设计灵感源自凝聚力的概念，也基于对社区性和归属感的重新

总体鸟瞰　　　　　　　　　　　室内　　　　　　　　　　外部空间

图5-80　2015年米兰世博会意大利宫

认识。建筑整体布局由四座桥连接的四个区域构成：展示区（西区）、礼堂活动区（南区）、行政办公区（北区）、会议区（东区）。建筑内部广场位于4个体块的中央，既是建筑物的核心部分和象征，也是内部参观流线的起点，体现了社区活力。

　　建筑造型的设计概念从"城市森林"引申而来。4个体块隐喻了参天大树的形象，基座部分体量庞大，模拟出树木底部深入泥土的根系。建筑外表皮覆盖着错综复杂的树枝状结构，交叠而不重复，形状各不同，创造了独一无二的几何纹理，产生了光与影的交替变化，创造了虚与实的空间效果。整个外表皮面积为9000平方米，由900块水泥嵌板构成。由内部广场向外望去，树枝交错在透明表皮上，敞开且向上延伸，不经意间"树叶"呼之欲出（图5-80）。

　　意大利宫代表了当前工业化的成就，其应用的设计方法、材料和技术等均是基于实验的创新。这是一座"渗透"式节能建筑，以零耗能可持续建筑的标准进行构思和设计。其表面采用光电玻璃和具有光催化作用的新型水泥覆层，是一种主动型技术专利的生物动力混凝土。在阳光下，材料中的活跃分子"俘获"空气中的污物并将它们转化为惰性盐，有助于净化大气中的烟雾。

　　（2）英国馆：源于英国 全球共享

　　为了响应世博会的主题，英国馆展示了新的研究和技术是如何帮助人们应对食物安全和生物多样性的挑战。设计理念基于蜂群和人类共有的复杂性，通过探讨蜂群的生活，获得一种对于生命的新的理解和洞察。展馆的设计汲取了蜂群的生态环境，将其诠释成一种场所体验：参观者在一个果园漫步，然后发现一片野花草地，继而进入由嗡嗡声和发光信号模拟的蜂窝内部（图5-81、图5-82）。展馆包括四个主要区域：果园、草地、蜂窝、建筑。

图5-81　2015年米兰世博会英国馆庭院　　　图5-82　"蜂巢"下部空间

图5-83　"蜂巢"结构　　　　　图5-84　2015年米兰世博会英国馆建筑

　　果园中种满了苹果树和梨树，以队列布局。队列间的座位区为参观者提供了小憩的空间。周围的石笼墙填充了废砖、破砖以及二次回收的砖块，创造了一种带有围墙的英国乡村花园的印象。

　　草地的入口由柯尔顿不锈钢构成的泥土通道打开，共40米长。整个草地季节性变化明显，在世博会6个月期间会不停地成长。植物的高度与参观者的视线持平，目的在于给参观者一个和蜜蜂同样的视角，邀请参观者从另一个角度去看这个世界。多样的路线设计参考了蜜蜂舞蹈的定向运动，为参观者参观下一站蜂窝的旅途作铺垫。

　　蜂窝位于3米高的柱子之上，是一个由铝制成的尺寸为14米×14米×14米的立方体晶格结构。晶格由间距为500毫米的横向面板构成，面板间有织带点缀。晶格结构中心经过调整构成了一个直径为12米的球形空体。有两块较低的横向面板未被调整，用以支撑20毫米厚的钢化夹层玻璃板（图5-83）。

　　建筑设计充分利用空间，成为英国馆的功能区。与VIP区相连的礼堂可作为举办会议和临时性活动的绝佳空间，也可作为服务于公众的视频播放、投影和展示的空间（图5-84）。

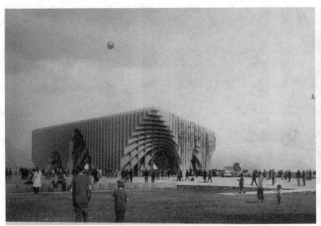

图 5-85　2015 年米兰世博会法国馆建筑

图 5-86　2015 年米兰世博会法国馆屋顶结构

（3）法国馆：多产市场

法国是一个以农业为主的国家，拥有丰富的土地类型，孕育了源远流长的遗产，造就了闻名世界的文化和美食习俗。法国馆设计方案以著名的巴尔塔莱市场（Halles de Baltard market，一个在法国生产和消费的地标，农业食品链上各个环节的延续和积聚地）为原型，活用了顶棚市场的概念，将市场作为食品汇聚的中心，并将法国馆打造为市场原型的形态：巨大屋顶遮蔽下的独立空间。建筑师想要通过"建筑景观"向世界全面描绘法国领土的多样地形、独特农产品和烹饪传统。

法国馆扭曲顶棚的造型正是这丰富多样性的表达，同时也反映了地域特色和景观"场景"。受到法国国土轮廓的启发，展馆的产生如同来自地势变化的外形挤压。这种"建筑景观"由顶棚下慢慢进入"市场"，观众涌入这 2000 平方米的空间后，唯一能看见的是一部分顶棚。屋顶的线条是耐人寻味的涟漪形，形成震撼人心的"景观顶棚"形象抽象地描绘出法国疆土的辽阔（图 5-85、图 5-86）。

形似树木的支柱支撑着"室内屋顶"，并分割空间、划分功能、提供过境交通（图 5-87）。建筑首层容纳了展示货摊、现货市场和合作区。其布展有别于传统有棚市场将货物摆在货摊上的方式，利用建筑结构表达各个展厅的主题。在"大量的拱顶"上提供了一系列服务：地域特色、美食试吃、科学和生物科技研究、农业生态、新农业食品科技、遗传学发现、生命化学以及有益植物。另一楼层为办公区和贵宾室，顶层是一家餐厅。

图 5-87　2015 年米兰世博会法国馆室内空间

建筑的主要结构由间距为 4.5 米的桁架梁和支柱构成，靠间距为 1.5 米的支架来支撑，由此产生了一系列非常统一的直角立方体。结构材料完全由法国木材黏合制成：内层是云杉，外层是落叶松。每个建筑元素——从主干结构、支撑结构、顶棚到地面和立面，都由相互连接的零件构成，最后形成建筑的整体，同时勾勒出外部形态和内部延展的形状。木构件的加工采用了超高精确度的电子控制机器人，与计算机辅助建筑技术结合起来，可以切割出任意角度的框架形式。直角骨架被凿刻成不规则线条，取得像拱顶一样震撼的效果。除了剧烈变化的形态，屋顶的设计还借助了一种隐形加固系统，展示出法国在木建筑领域的巨大创新实力。

同时，法国馆还是一个低技术的绿色结构建筑。通过中央天窗的设计，实现了这一"景观市场"的自然通风和降温，降低能耗，整栋建筑能被拆卸并重组。

（4）德国馆：灵感的田野

德国馆是世博会最大的展馆，面积 4913 平方米，其主题是"灵感的田野"，向参观者们展示德国的新面貌以及在保护环境上的大量举措和努力，如政府政策、前沿研究、创意公司和民间团体的巨大贡献。

德国馆以一种醒目的、惊人的方式将德国的田野和草地诠释成建筑。这座建筑由倾斜的景观平台、易接近的表面和内部主题展示空间构成。在可辨度极高的田野景观之中，典型化"植物"似"灵感的种子"从内部展示空间冲出，构成了一个大型的、具有保护作用的华盖。这些"植物"连接了内部和外部空间，使建筑和展示空间相吻合。在田野上空漂浮着叶子，这种有机的流畅设计创造了一种让人印象深刻的形象（图 5-88、图 5-89）。

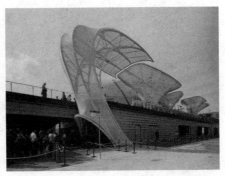

图 5-88　2015 年米兰世博会德国馆庭院　　图 5-89　2015 年米兰世博会德国馆建筑入口

德国馆将现代设计语言融入传统的材料，在资源和空间最大化利用的基础上采用气候概念，并实施科技和智能建造。在材料选择上，德国馆采用当地多种木材，特色鲜明。立面层状结构促进了建筑的通透性和自然通风，实现了高效的室内气候概念，并采用能效技术为所有的展示空间提供舒适的温度。

（5）奥地利馆：呼吸·奥地利

奥地利馆以"给养地球"为主题，其设计概念为"出自你手"，让参观者有机会在场馆内亲手种下种子，并期待它们的发育成熟。这一设计构想获得了米兰 2015 年世博会的第一名。奥地利馆将高品质就地种植的概念展示在场馆的建筑结构中，当世博会结束时，奥地利馆将变成一座有机食物的城堡。奥地利馆的设计还因为高度关注如温室效应等与气候相关的环境问题，致力于通过奥地利的自然与工业技术，将建筑与环境相结合，为当前日益严峻的地球环境问题提供一个完整的可讨论的解决方案，因而被称作本届世博会的"绿肺"。

设计将建筑与环境相结合，营造出 560 平方米的具有奥地利特色的山林。场馆中密集种植 12 种奥地利特色的森林植物，包括苔藓、灌木和 12 米高的乔木，通过热力高压喷雾器激发植物蒸发面，使这区区 560 平方米的森林拥有 4.32 万平方米的蒸发面积，每小时生产可供 1800 名游客呼吸的氧气（图 5-90、图 5-91）。

展馆外部框架高 3.6 米，采用模式化网格系统，这样方便容纳更多参观者，同时也有利于后期的拆装和重组。展馆设计采用了低技的建造策略和可再生的材料。建筑的屋顶和靠近中心展区的围墙都使用了无镀层的、可再生的预制复合板材（包括 13 厘米的墙和 30 厘米的梁），同时圈于意大利严格的防火规范，在展区的地下室、展馆的楼板、一层的外墙、南边服务区以及厨房办公室等部

图 5-90　2015 年米兰世博会奥地利馆庭院　　　图 5-91　2015 年米兰世博会奥地利馆植物展示

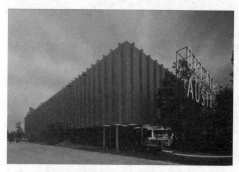

图 5-92　2015 年米兰世博会奥地利馆外观　　　图 5-93　2015 年米兰世博会奥地利馆室内

位，都使用了无保温层和砂浆的素混凝土。由于这些材料属于传统的单一性材料，在展览结束后可以轻易地拆卸并回收再利用（图 5-92、图 5-93）。

　　由于米兰地处南欧，夏季闷热而潮湿，奥地利馆试图在这样的环境中建立舒适凉爽具有奥地利特征的小气候。展馆中通过喷雾和造雾通风设备催化植物的自然蒸腾作用，该系统将纯净水通过高压泵送入环形分布的各回路，独立的可控电磁阀保证各环路能独立运行，通过在展览顶部设置大量感应单元的气象站监控天气并自动调控馆内微气候，保持馆内温度比馆外凉爽 5 ~ 8℃，整个系统在不利用空调的前提下，利用自然植被与新技术打造节能高效的绿色建筑空间。

　　展馆在可持续技术方面的另一项重要成就是实现了能源的自给。通过安置在屋顶的太阳能光伏系统和太阳能节点发电来实现电力供给，太阳能节点发电技术运用了创新性的技术，其核心是染料敏化太阳能电池，它能够通过光合作用直接将光能转化为电能。这个感光装置安置在两块玻璃之间，能吸收包括人造光在内的一切光能，即使在没有太阳光的条件下，也能生产能量。该系统产生的电能优先用于展馆的水泵、厨房、光照等，多余的电能则并入意大利输电网。

（6）中国馆：希望的田野

中国馆以"希望的田野"为主题，以4590平方米的第二大外国自建馆精彩亮相2015年米兰世博会。展馆被设计成一朵漂浮在"希望的田野"上空的云。悬浮屋顶之下是一系列展览项目，这种独一无二的设计为中国馆创造了标志性的形象，也为世博会创造了一处别具一格的风景。

中国国家馆设计方案紧扣"希望的田野，生命的源泉"的主题，意喻中国广袤的土地，隐喻中国古老的文明。建筑从正面看是自然的天际线，从背面看是城市的天际线。建筑方案通过建筑的屋顶、地面和空间，将"天、地、人"的概念和水稻、小麦的元素融入其中，如同希望田野上的一片"麦浪"。

中国国家馆展陈设计由五部分组成，主题分别为"序、天、人、地、和"。"序"主题展区，为观众等候区；"天"主题展区，以二十四节气展示中国人对于自然的尊重及顺应自然求发展的哲学观；"人"主题展区，围绕农业文明、民以食为天、面向未来的智慧三大板块进行展示；"地"主题展区，展示华夏大地山川河流地貌的多样性，以及农民劳作丰收的壮观场景；"和"主题影像厅，以鲜明的故事线描述中国人在发展农业、获取粮食和食品的同时，寻找与自然和谐平衡，推动可持续发展的思索（图5-94、图5-95）。

建筑造型上用线与面勾勒出大自然的轮廓和曲线，蓝色代表天空，绿色代表田野，金色代表粮食，红色代表人和生命。图形透叠寓意世间万物和谐共生、天人合一的传统思想。同时将中国传统书法和绘画元素融入现代图形设计，强化中国传统文化特色。

展馆充分吸收中国传统建筑的结构和形态，结合现代技术，形成具有强烈中国传统建筑意象的中国馆形象。悬浮屋顶参考了中国传统建筑中的抬梁，设

图5-94　2015年米兰世博会中国馆

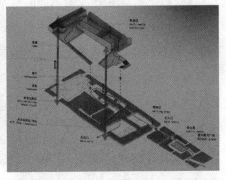

图5-95　2015年米兰世博会中国馆布局

图 5-96　2015 年米兰世博会中国馆屋顶细部　　图 5-97　2015 年米兰世博会奥地利馆室内

计成木构架，并运用现代建造技术创造大跨度以突出建筑的自然特性。屋顶借鉴传统的中国陶瓦屋顶架构覆以木瓦，并重新诠释成大型的竹叶，在提升屋顶轮廓的同时，也为下面的公共空间提供了阴凉。屋顶采用具有中国象征意义的竹编材料覆盖，大幅度降低了材料成本（图 5-96、图 5-97）。

（7）日本馆：和谐多样性

日本馆建筑面积 4170 平方米，该馆的主题是"共存的多样性"。目前，日本的农林渔等产业都在积极倡导食物多样性，在其农副产品和饮食文化中也能找到多样化的智慧和技艺。由日本大力提倡的"多样性"理念为解决食品资源短缺等全球性问题提供了极大的可能性。

日本馆的建设用地是一块从主干道延伸出的细长形状，周边的建筑整齐排列，并由较窄的次级通路围合而成。用地整体较为平坦，东西主干道的一侧设有一直延伸到次级通路处的超过 6 米高的城市屋檐。结合用地特征，日本馆主展览空间被设计成"一只承载多样性的碗"。在这里植根于日本的多样性元素在全球性危机中被视为一个强大的潜在贡献力量，这也符合世博会的主题。

日本馆设计采用了三维木质网格为建筑元素，既体现 2015 米兰世博会的关键词之一"可持续性"，同时，三维木质网格也代表着日本多样性的源泉——四季、自然、生态系统和食物。展馆正中央的木头不仅是建筑结构的一部分，更象征了植被、森林等自然元素（图 5-98）。展馆一层是"和食"和日本农业展示区，二层为提供"和食"的日式餐馆及活动广场，地方政府在这里宣传各自的特产。

展馆的建造方式融合日本传统建造技艺，该技艺来自于 7 世纪建成的佛教寺庙法隆寺。这座寺庙完全由木头制成，没有任何金属连接或支撑，使用"压

图 5-98　2015 年米兰世博会日本馆总体　　　图 5-99　2015 年米兰世博会日本馆入口

缩应变"法进行施工，通过将木构件插接耦合在一起获得支撑力。这种结构的建筑有极强的抗震能力。日本馆同时使用了这种传统木框架建造技术和"压缩应变"的现代分析与应用技术。这种创新的建筑手法将日本传统文化和先进技术完美融合在一起，重在表现日本文化的精神内涵（图 5-99）。

本章图片来源

图 5-1~ 图 5-18,图 5-20,图 5-33,图 5-34,图 5-42　[德] 克莱门斯·库施：会展建筑设计与建造手册 [M]，秉义译，武汉：华中科技大学出版社,2014。

图 5-19　詹姆斯·弗里德：洛杉矶会展中心,洛杉矶,加利福尼亚州,美国,世界建筑,2004 年第 6 期，第 48-49 页。

图 5-21,图 5-22,图 5-23　吕亚妮：绿色建筑实例浅析——新加坡会展中心 MAX Atria[J]，高等建筑教育,2014 年第 23(3) 期，第 125-129 页。

图 5-24,图 5-25,图 5-32,图 5-35　弗雷德·劳森:会议与展示设施:规划、设计和管理 [M]，理工大学出版社,2003。

图 5-26~ 图 5-29　王昕、董华:上海新国际博览中心——一种清晰、简洁、高效的展览建筑模式 [J]，时代建筑，2004 年第 4 期，第 102-107 页。

图 5-30,图 5-31　福尔克温·玛格:中国的水晶宫——深圳会议展览中心 [J]，中国建筑装饰装修，2013 年第 6 期，第 68-73 页。

图 5-36,图 5-37　蔡军、张健:历届世博会建筑设计研究:1851 ~ 2005[M],中国建筑工业出版社,2009。

图 5-38,图 5-39,图 5-52　[美] 安德鲁·加恩、保拉·安东内利、伍多·库尔特曼、斯蒂芬·范·戴克：通往明天之路 (1933-2005 年历届世博会的建筑

设计与风格）[M]，龚华燕译，中国友谊出版社，2010。

图 5-40　http://blog.sina.com.cn/s/blog_6cea5f6f01017bdz.html

图 5-41　https://www.quanjing.com/topic/292514.html

图 5-43~ 图 5-49　杜异、傅祎:汉诺威世界博览会设计 [M]，岭南美术出版社，2002。

图 5-50，图 5-51，图 5-53~ 图 5-55　吴农等:建筑的睿智:2005 年日本爱知世界博览会建筑纪行，机械工业出版社，2007。

图 5-57~ 图 5-63　俞力:水的故事:西班牙 2008 年萨拉戈萨世界博览会，东方出版中心,2008。

图 5-65　2010 年上海世博会中国馆建筑 [J],城市环境设计,2013 年第 10 期，第 56-61 页。

图 5-66　章明、张姿:事件建筑——关于 2010 年上海世博会永久性建筑"一轴四馆"的思考与对话 [J]，建筑学报，2010 年第 5 期，第 36-65 页。

图 5-67　汪启颖:从理性假设到感性回归——法国馆 [J]，建筑学报，2010 年第 5 期，第 104-107 页。

图 5-68、图 5-69　梁飞、李斯特:"心之和,技之和" 2010 年上海世博会日本馆设计，时代建筑，2010 年。

图 5-70、图 5-71　司徒娅、郭颖莹:"篮子展馆"——西班牙馆 [J]，建筑学报，2010 年第 5 期，第 86-91 页。

图 5-72、图 5-73　孙荣凯、罗韶坚、陈志亮:未来之城——意大利馆 [J]，建筑学报,2010 年第 5 期，第 96-99 页。

图 5-74~ 图 5-76　顾英:跨界演绎的创意设计——英国馆 [J]，建筑学报，2010 年第 5 期，第 92-95 页。

图 5-77~ 图 5-79　王兴田、许志钦:和谐城市，多彩生活——韩国馆 [J]，建筑学报,2010 年第 6 期，第 46-51 页。

图 5-80~ 图 5-99　唐艺文化:米兰世博空间 [M]，中国林业出版社，2016。

第六章 |

会展建筑场馆设计

第一节　会展建筑的分类及设计原则

一、会展建筑的等级分类

会展建筑一般按照规模即基地以内的展览面积进行分类。展览面积是展位面积与展位通道面积之和。会展建筑的总展览面积是评价场馆规模的重要参数。单个展厅的展览面积也是评价展厅规模和等级的重要标准。参考国际常规，并考虑我国国情，根据基地以内的展览面积将会展建筑分为特大型、大型、中型和小型四类。

1. 特大型会展建筑：展览面积大于10万平方米。一般举行国际性展会、大型博览会，适用于经济发达、贸易活跃、会展业水平高的中心会展城市。占地面积、展览规模巨大，配套设施齐全，设备先进。一般城市不宜盲目超前建设特大型场馆。

2. 大型会展建筑：展览面积5万~10万平方米。可举办国际性、国家级展会，适用于经济发达的区域中心城市，占地面积、展览规模较大。应对该城市经济、会展需求、交通区位等充分论证，在合理规划前提下慎重发展。可根据地方情况，分期建设，展览规模逐步由中型发展至大型。

3. 中型会展建筑：展览面积1万~5万平方米。可举办区域或地方性展会，适用于经济较发达、贸易活跃地区，占地面积、展览面积规模适宜。这是国内建设量最多的一类会展建筑。展览面积可以满足一般区域性和地区型展会的需求。

4. 小型会展建筑：展览面积一般小于1万平方米。可举办小型展会活动，适用于欠发达地区或发达地区的辅助性会展设施。小型会展建筑由于展览面积有限，只能举办一些中小型展会活动，展览时人流车流量都不会很大，通常位于城市较中心地区或商务区等。小型会展设施除用以举办商贸交流活动外，还经常作为群众活动、展销、宣传之用。在规划建设时应注重地方性，符合其特色展会的要求。

二、会展建筑的设计原则

1."节能优先"原则

　　无论是出于保护人类生存环境的目的，还是从会展建筑自身的经营与可持续发展角度出发，当代会展建筑都理应将资源的可持续利用作为其发展的基本宗旨，从而达到节约能源这一目标。当代会展建筑在演绎节能新理念、新技术的过程中，将"节能优先"理念和相关技术向形式美学的方向加以转化，展现出节能与形式美巧妙结合的审美新取向，同时赋予建筑形式更积极的意义。具体的表现方式有：

　　（1）遴选节能材料

　　通过选用具有采光节能或保温节能特性的材料来建造会展建筑的围护界面，不仅达到了节能的目标，而且还发挥出这些特殊材料所具有的别具一格的美学特性，为会展建筑增添独特的形式美感。

　　例如我国南宁国际会展中心，运用乳白色PTEF膜材料（聚四氟乙烯）来塑造多功能大厅有如朱槿花一般的独特建筑造型，不但为多功能大厅提供了柔和、梦幻般的自然光线，而且也令建筑外形呈现出高雅宁静的气质（图6-1）。

　　（2）特殊的造型

　　将独特的建筑造型与空气物理学的原理巧妙结合，使会展建筑不仅能够利用自然风来节约能源，而且还展现出特有的形式美。

　　汉诺威会展中心26号展馆所采用的跌宕起伏的标志性屋面，正是对"文丘里效应"的灵活运用。建筑通过采用高低错落、连续波动的屋面形态，在

图6-1　南宁国际会展中心多功能大厅屋顶

图 6-2　汉诺威会展中心屋顶空调、通风及照明示意

图 6-3　苏州新国际博览中心竖向遮阳百叶

室内形成了自然拔风效应，使这座建筑成了节能与形式美有机结合的经典案例（图 6-2）。

（3）精致的细部构造

会展建筑的细部构造不仅可以展现建筑形式精致化、细腻化的特色，还与建筑节能紧密相关。建筑立面特殊的材料选择和组合，以及独特的细部构造设计，可以起到遮阳防晒、隔热保温等节能效果，在这些特殊构造的装点下，会展建筑以高情感、高审美价值的外在形式表现出人文关怀。

如苏州新国际博览中心建筑外立面的竖向遮阳百叶，采用双面印有精致图纹的镀膜玻璃片极富韵律地镶嵌在建筑围护界面上，不但使建筑能够免受日晒，而且还极大地丰富了建筑的立面形式（图 6-3）。

2.人性化设计原则

在现代社会中，人的价值重新得以回归。人是空间环境的真正塑造者和使用者，城市与建筑的空间环境应当成为人们乐于栖居的场所，因此城市和建筑的营造必须关注人的需求与情感。

就当代会展建筑而言，商业贸易发展的推动，使它具有了超大空间和巨型体量，人们身处其间的体验迥异于对日常生活环境的感受，因此当代会展建筑的设计、建造必须将人文精神作为指导思想，使之贯穿在规划设计工作的各个环节当中，并将这一思想转化为各种具体的物质形式，令建筑重新回归到"为人服务，以人为本"的发展目标上来。

（1）由"无障碍设计"向"通用设计"的转变

"无障碍设计"强调在科学技术高度发展的现代社会，一切有关人类衣食住行的公共空间环境以及各类建筑设施、设备的规划设计，都必须充分考虑具有不同程度生理伤残缺陷者和正常活动能力衰退者（如残疾人、老年人）群众的使用需求，配备能够应答、满足这些需求的服务功能与装置，营造一个充满爱与关怀、切实保障人类安全、方便、舒适的现代生活环境。

"通用设计"理念则是将无障碍设施的使用对象由弱势群体拓展到全体社会成员，令无障碍设计变"专用"为"通用"，满足全体大众对于建筑人性化设计的需求。"通用设计"意味着让更多使用人群体验到建筑为其创造的人性化空间环境，使正常人和弱势人群共享"人本社会"对人的关心与爱护。

在会展建筑中，"通用设计"概括为以下五方面：

①尽可能减少无必要的高差设计，若必须设置时，以使用更为舒适安全的人行坡道替代踏步和台阶，增强建筑使用的安全性，避免人们（尤其是老年人和儿童）因疏忽而踏空、摔倒。

②会展场馆内局部存在着层高差异的空间（如展厅内的夹层空间），应尽可能设置无障碍电梯，从而避免人们因攀爬楼梯而产生疲劳。

③建筑物主要出入口宜选用自动门，为人们进出建筑提供方便。

④残疾人专用厕所可尝试与普通厕所合建在一起，以便于常人也可使用。

⑤在室外公共活动场地中（如广场、绿化景观等），有高差的地方应设置坡道；停车场地应提供残疾人专用停车位，并使之符合无障碍停车位设计要求。

（2）"人性化"环境与设施建设

当代会展建筑作为城市中重要的公共设施，不仅是会展业赖以生存发展的平台，而且是向公众提供优质服务、提升其物质文化生活品质的环境场所。依据当代会展建筑空间环境与功能设施的发展特征，以及人们使用这类建筑时所具有的行为活动和需求特征，会展建筑的"人性化"环境与设施建设包括以下方面：

①减缓参展疲劳的设施

会展建筑重要的交通空间内应均匀、合理地设置自动步行道、自动扶梯、垂直电梯等现代化"代步"工具，为参展人士创造一个轻松、舒适的参展环境；

在平面布局上，会展建筑的中央大厅应当同各个展厅的短边相连，从而有效缩短主要交通空间的长度，减少人们在交通空间内的行走距离；在室内外公共活动区域和室外绿化环境中，应尽可能提供充足的休憩座椅；通过提高休息区环境品质，增加服务种类来提升人们对建筑物的使用满意度，帮助人们去除参展疲劳症。

②多元化的服务设施

在门厅的两侧、角落以及楼梯下部，提供临时储存空间包括存储柜、存储箱、存衣架、存放雨具的设施，并通过在门厅中设置引导标识来告知参展者上述设施的位置；室内设置独立吸烟室，以便将少数人员的吸烟行为约束在固定的区域内；在人群活动集中的场所内（如展厅、门厅、中央大厅）配备自动净水供应点、公用电话、自动取款机、信息咨询终端甚至儿童游戏器具（为陪同家长参展的儿童游憩使用）等一系列细节性的服务设施，从多元化的角度来考虑各项服务设施的建设。

此外，在有大量的展示活动、室外交通活动的室外场地设置风雨廊，并对其造型、色彩、材质加以精心设计，也是对使用者的一种真正的"人性化"关怀与爱护。

③宜人的展示环境

在展会中，纵横通道相交位置附近的最佳展位往往更能吸引观众，于是此处的观众密度最高、滞留时间最长，因此展厅空间的二次设计和展摊设计必须相互协同，合理组织好这类展位周边的人流活动，避免产生过度拥挤现象。可采取的方式有：尽可能在位于此处的展摊内部留出集中且宽敞的活动空间，适当放宽位于最佳展位旁边的通道宽度；避免在最佳展位上布置对外封闭的展台，以免影响人们对空间的体验，给通道上的观众造成空间封闭、狭窄等不舒适感觉，甚至阻碍人们在逃生疏散时对空间方位和出入口的识别；在展厅中提供相对较多的缓冲空间和停留空间，缓解展厅内部的各类交通拥挤现象，为观众创造一个相对宽松、舒适的环境，使展示环境更符合宜人化的设计标准。

④整合城市交通设施与广场空间

针对当代会展建筑室外场地规模庞大的特征，在组织人员、车辆的流线以及规划设计各类交通场地时，应当秉持"以人为本"的设计思想，尽可能设法缩短人员的步行距离。其中有效的办法除了缩小入口广场的规模尺度之外，还可在规划上将入口广场空间同城市的交通站点进行有机整合，在广场内部或者毗邻处设置公共交通设施的上下客站点,以此来缩短参展人员的室外步行路程。

3."技术"与"美学"并重

从会展建筑自身的发展历程来看,技术一直占据着重要的地位,尤其在会展建筑步入当代发展阶段以来,它在规模尺度、空间跨度上的飞跃,完全得益于建筑技术的支撑,会展建筑的蜕变也引发了一系列需要先进技术才能解决的问题。另一方面,会展建筑的高技术特征不仅能够解决许多实质性的技术问题,而且具有一定的美学效果:例如被会展建筑广泛使用的金属屋面板不仅外形美观,而且能够协同相应的排水技术,来解决场馆大屋顶的排水难题,同时还延长了屋面材料的使用寿命;场馆立面上的高技术遮阳系统,不光在形式上增强了建筑立面的层次感,更起到了高效节能的作用;将会展建筑的斜拉索结构暴露在外部,不单单显示了建筑雄浑的结构美,还丰富了建筑的天际线,解决了大跨度建筑屋顶的受力问题。

因此,"技术"与"美学"并重是作为当代科技产物的会展建筑设计时所必须遵循的原则。

4.弘扬地域文化特色

在全球化发展的大潮流中,城市中的建筑物与地域文化的现代化契合,对于维系本土特色与审美观念,保护城市特有风貌具有非常重要的意义。作为城市文明体现的会展建筑,是地域文化在物质环境和空间形态上的体现。会展建筑的创作需从场地周边环境或者更为宏大的城市背景中撷取丰富的创作灵感,通过在形式语言上与地域文化的表征建立起密切的关联,不但体现出对于地域文化的尊重与弘扬,而且令建筑实现本土化与地方化。

第二节　会展建筑的规划选址与总体布局

一、会展建筑的规划选址

1.宏观区位选择

会展中心的宏观选址需要对城市的经济状况、基础设施条件、区位特征等多方面因素进行综合考虑，在不同的城市建设不同级别的会展中心，为未来会展中心的运营创造良好的条件。

国际性和国家性的中高级会展中心需要有大范围的客源、大规模的产品交易、丰富的会展类型、大量的信息交流等来满足会展中心正常的运营。因此，此类会展中心一般位于经济、交通发达地区的门户城市，一般为地方的经济政治文化中心城市。如我国的中高级会展中心一般选址于：

（1）京津冀会展城市带：以北京作为会展核心城市，协同周边会展业活跃的城市天津、大连、青岛、烟台，形成京津冀经济会展城市群。

（2）长江三角洲会展城市带：以上海作为会展核心城市，周边苏、浙、皖依托上海区位优势、交通优势、经济优势，形成长江三角洲会展城市群。

（3）珠江三角洲会展城市带：以广州、深圳作为会展核心城市，协同其周边珠海、东莞、顺德等中小城市形成珠江三角洲会展城市群。

（4）西部会展城市带：以重庆、成都、西安为核心，利用其内陆腹地，面向西南、西北广大地区的优势，发挥其内贸作用。

区域性和地方性的小规模会展中心由于其客源范围较小、产品交易规模较小、会展类型不多，人流、物流、信息流的强度都较小。因此，此类会展中心在宏观选址上对城市的要求比较低，一般的政治经济中心城市都可以作为考虑对象。一般选址于可达性好，具备一定的游憩、餐饮与娱乐设施的地区，如上述三个城市带的周边地区，结合城市自身的资源优势和产业特点，发展特色中小型专业会展。

总之，以会展的中心城市为龙头，发挥其辐射力，带动周边城市发展特色专业性会展中心；整合地区的会展资源，有层次地发展城市会展中心，是我国会展中心宏观选址的基本方针。

2. 建筑场址选择

会展中心建筑场址的选择需要通过对城市总体规划的解读，了解城市未来的结构、规模和发展方向，与城市总体规划相协调，在总体规划的指导下进行选址。选址主要考虑服务会展主要功能及满足参会人员的工作与生活需要，并将交通条件、基础设施条件和地形条件作为选址的三大要素进行论证。

（1）交通条件

会展中心所在区域周边应有高级别交通路网，各种交通设施齐全，特别是与轨道交通车站、航空港、港口、火车站、汽车站等交通站点有良好的联系，便于游客和参展者的活动。

（2）基础设施条件

会展中心周边应有齐全的配套基础设施，如旅店、餐厅、商务办公等，尽可能为参展方和游客提供方便的服务，同时避免会展场馆对上述设施重复建设所造成的浪费。如果周边设施达不到为会展中心服务的要求，需要更加全面分析选址的利弊，合理规划建设，尽量使其与城市已有基础设施保持便捷的交通联系。

会展中心应远离居民区和其他行政机构服务区域，避免给附近居民带来生活上的不便或者妨碍其他公共事务。

（3）地形条件

会展场馆应选择地势较高、场地干燥、排水通畅、空气流通、工程地质及水文地质条件较有利的地段。

3. 会展建筑的选址模式

依据会展中心具体选址方位与城市的关系，会展中心的选址模式可分为四种类型：

（1）城市核心区

城市核心区是城市经济、文化活动的聚集地带，配套基础设施完备，节省建设投资，利于早日建成投入使用。这种选址模式有以下优势：存在人流和消费基础，利于会展活动的组织；交通便利，人员货物迁出方便；经济、文化环境好，便于非会议展览期的利用；与城市中心的发展有相互促进的作用。但其缺点在于城市中心用地紧张，周边空地少，没有充足的集散广场和室外展场、停车场和绿化，使用不便；大交通流量增加了中心区原有交通压力，交通拥堵又会与会展中心平稳高效的交通要求产生矛盾；场馆建设施工期间对周边其他设施功能的正常使用影响大；造成城市核心功能过于集中，未必利于城市长远均衡的发展。

（2）城市边缘

城市边缘地带用地相对宽松，周围已有一定的建设规模，靠近城市干线和环线等干路交通，到城市其他地区的通达性较好，以公共交通为主。

在选址的时候还需要仔细考虑城市的总体规划，并与之协调，为会展中心的可持续发展创造有利的条件。

（3）城郊结合部——城市物流区

大型城市的近郊县区往往是机场、港口的所在地，是中心城市的物流集散地，而物流中转集散的便利对于能够承办国际级别展会的会展中心来说是一个巨大的优势。营造便利的交通网络是这种选址模式的关键：一般选址应靠近机场、轨道交通或有高速公路、快速路从周围通过，会展场馆与交通站点之间应有便捷的联系，减少换乘次数。

（4）城市新城区

这种选址模式是将会展中心作为新区开发的启动项目，在开发序列上被列为第一期。新城区的 CDB 开发，城市副中心建设都可以采用这种模式。在新区建设中起带头作用，可以促进区域的开发，有助于城市格局的均衡发展；可以增强城市市区及中心地带区域商务活动量和物流量，带动周边产业发展，在短期内塑造新城区良好形象，增强吸引力，形成良性循环。但是对于这种选址模式，新城区与城市中心之间的交通联系，对于原城市服务设施的利用，周边服务设施的配建等仍是此类选址模式需要考虑的首要问题。

综上所述，大中城市由于展会内容丰富，办展频繁，对观众吸引力大，要求大规模、高级别的展览建筑，由于城市建设的现状，市区已经没有发展空间，而大城市的交通建设相对发达，所以会展中心适宜选址在市区边缘或城市近郊；中小型城市由于本身建设承载力有限，发展需要的会展中心规模不大，因此小型的会展建筑可以选址于市区附近，作为带动整个城市发展的原动力。

4. 会展建筑的交通设计

随着当代会展建筑在场馆规模上的不断扩展，展会举办时期的交通问题变得越来越突出和重要，它不仅直接关系到展会能否成功运作，更对城市交通大环境产生着举足轻重的影响。为适应会展活动迈向大规模甚至超大规模的趋向，目前国内外所有会展业发达城市均考虑到会展建筑与城市母体双管齐下，协同发挥效用，在宏观、中观、微观各个层面上采取措施为展会营造良好的交通环境。

在宏观层面，注重场馆选址对城市交通的影响，加强交通基础设施建设。现代化的会展场馆选址大都贴近城际高速公路、环城公路、快速干道、高架路等高效、便捷的城市对内、对外道路网络，使会展建筑同城市形成四通八达的交通连接关系，同时方便消防车、急救车、防暴车迅速抵达，以满足防灾和安全保障要求；并在会展建筑与城市交通枢纽之间建造直通型的快速干道，并充分利用轨道交通、机场巴士、公交专线在它们之间建立起快捷的公共交通运输服务系统。大型会展中心一般在人流集散的主要出入口附近建造融地下、地面、架空于一体的城市公共交通立体式转乘站点，如公交巴士站点、出租车停靠点，以满足大量观展人群的交通运送需求。

在中观层面，应针对展会室外交通组织问题，对场地出入口、交通广场和道路系统等硬件设施的规划建设以及场地内各种流线进行灵活、有效的组织和引导，维系会展活动的高效运转和展会交通的正常秩序。会展中心停车场的场地规模定位应满足可持续性使用要求，场地布局也以体现高效便捷和人性化为设计宗旨；有关集散广场的规划设计必须能够为展会营造一个安全、高效、顺畅的室外交通环境，以保证展会顺利召开，同时协调好展会交通与城市交通二者之间的关系；还需要进行以适用为出发点的货运交通场地规划，确保货运交通场地的独立性和适用性，满足货运交通场地的规模、形态要求。道路规划要以集约高效为主旨，使其使用效率最大化，减少对人员活动场地的各种干扰。

在微观层面，借助于室内交通空间与设施的规划建造，对展会各类相关人员的室内交通活动采取组织与管理措施。对室内交通流线（观众、参会者、参展商、工作人员的流线）以及用餐流线、货物流线进行合理组织，使各类人流活动各就其位、互不干扰，同时要保持良好的衔接与连通关系；对出入口、入口门厅和中央大厅等交通空间进行合理设计。

二、会展建筑的总体布局

1. 会展建筑与基地周边环境的关系

会展建筑设计应充分考虑建设用地与周边环境的关系，包括周边道路、景观、既有建筑，以及远期发展用地等现状，在空间、景观、建筑形态、文脉方面进行整合完善（图6-4）。

（1）场地入口

场地入口位置的选择主要考虑与周边城市道路和交通设施的关系，结合用地布局，将外部的人流、车流通过不同的入口有序地引入场地。

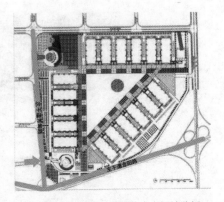

图6-4　上海新国际博览中心场地分析

基地的周边道路一般保持环路畅通，场地主入口应邻近干道或城市道路节点，靠近公交站点，有良好的通达性。不宜为突出入口形象，直接面对干道和道路节点开设入口，否则过多的进出车流从干道直接流入场地，会对主路交通造成不利影响。

（2）周边环境

场地的总体布局还需考虑城市轴线、街区形态、道路走向、周边地块的城市功能等，与城市整体规划相协调。在总体布局上应充分利用周边的自然环境，对于既有的特定条件考虑结合和避让。在建筑语汇、空间秩序、城市文脉的表达上寻求与周边建筑的共鸣。

2.会展建筑场地的总体布局

会展建设场地内一般包括建筑用地和室外场地。室外场地包括广场、室外展场、货场、停车场、道路、绿化景观用地（图6-5、图6-6）。

（1）建筑用地

建筑用地主要包括主场馆以及可从主体独立出来的功能区如会议中心、动力机房、体育设施等。主场馆一般包括主入口大厅、展厅、会议区、交通连廊四部分，另外还有行政办公区、集中服务区。主入口大厅一般选择临近主要道路、通达性好和视觉突出的位置。并尽量布置在场馆群体中间位置，避免参观路线过长。展厅是场馆的主体，会议区可在主体内设置，也可独立设置。

大、中型会展场馆至少在三个不同方向设置入口，通过交通连廊连接以上各功能区。

（2）广场

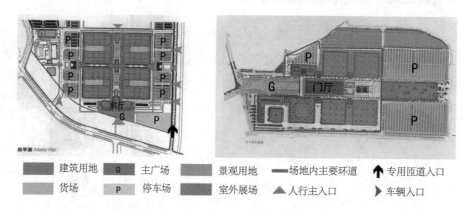

图6-5 北京中国国际展览中心新区用地类型分析　图6-6 莱比锡新会展中心用地类型分析

主入口前一般设主广场。主广场以步行人流集散和大型集会为主要功能，也可举行展览、展示、礼仪活动。主广场多采用硬质铺地。若考虑可能作为室外展场使用，地面荷载值需达到使用要求，并埋设设备管沟，以便提供展览时所需的各种电源、设备接口。其他入口前也可布置次广场或通道型广场。

（3）室外展场

室外展场可进行露天展览或搭建临时展棚补充展览面积的不足。室外展场一般布置在展厅周围，方便联系；对地面承载力要求高，一般不低于室内展厅地面荷载值；由于室外进行的展览基本局限在重型机械、汽车等特殊领域，使用频率不高，因此多将室外展场与集散广场或停车场结合使用。大型会展中心以及标准较高的会展场馆大都设有专门的大面积室外展场。

（4）货场

货场是会展场馆的重要组成部分，既是堆货场，又是物流通道。货场在展览期间还可作为室外展场补充展览面积。货场一般紧邻展厅，方便集货卸货、布展撤展。会展场馆可不设专门的展品仓库，利用货场存物，设置卸货风雨廊。

（5）停车场

停车场需要进行分区管理以达到高效使用。根据停车对象可将停车场分为普通停车场、贵宾停车场、大巴停车场、货物停车场等，各类停车场宜靠近对应服务区；停车场一般分布于展馆周围，单独设置入口；车辆入口宜与人流主入口分不同方向设置，引导人、车从不同方向进入场地，避免交叉；公交车、出租车停靠点靠近步行人流入口设置，避免行人从场地入口到场馆步行时间过长。车辆入口在与城市道路相交处最好留出足够缓冲空间，以防车辆排队停车等候时造成城市道路拥挤，有条件的场馆可设专用匝道或交通广场。

会展场馆一般场地充裕，多采用地上停车；地上停车场可结合广场、室外展场灵活使用，疏散管理方便；一些场地内停车场不够，可以借用周边场地进行临时停车或考虑地下停车。

（6）场地道路

会展场地内的道路多采用环状与放射状形态。一般沿建筑四周设置较宽环路，兼做人流通道和环形消防车道。

（7）绿化景观用地

树带绿化：场地边缘进行树带绿化，以绿色自然景观迎接来宾。

集中绿化：大型会展建筑多在场馆内部围合出庭院设计景观绿化，结合餐饮、休憩等空间创造出优美、舒适的环境。

水景绿化：利用场地内保留的河道水域或创造人工水系，进行水景美化。

停车绿化：停车场可采用树阵绿化的停车方式，将绿化覆盖率最大化。

（8）发展用地

根据会展建筑的近远期建设计划的要求，可以进行一次规划、建设，也可一次规划，分期建设。因此总平面布局要为可能的改建和扩建留出发展用地。发展用地的位置选择，既要不影响现有部分的使用，又要考虑未来扩建部分与现有部分的联系。发展用地可暂时用于绿化、停车、室外展场等功用。

第三节　会展建筑的功能设施及平面布局

一、会展建筑的功能设施组成

当代会展建筑作为一种大型公共建筑，具有多种功能复合化发展的重要趋向，其内部涵盖了一系列庞杂的功能设施，包括核心功能、交通功能、配套功能以及辅助功能四大类功能设施（图6-7）。

1. 核心功能设施

核心功能设施是当代会展建筑中最为基本，也是最为重要的主体性功能设施，它包括：

（1）展厅

展厅作为会展建筑中面积最大、占地最广、投资最多、作用最突出的设施，承担着会展建筑的基本职能，决定着会展建筑的平面形态，代表着会展建筑特有的空间形式和技术特征，因此它是会展建筑最为核心的设施之一。

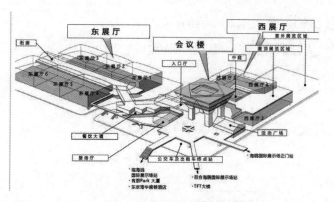

图6-7　东京国际会展中心功能设施构成示意

（2）多功能厅

多功能厅作为特殊意义上的展厅，不仅发挥着展示空间的功能，还被用来承办多样化的公共活动，是当代会展建筑不可或缺的重要功能设施。

（3）会议设施

当代展览会中展览与会议活动相互融合、穿插举行的发展趋势日益明确，会议设施在会展建筑中开始占据可观的比例。为适应会议活动不同的举办形式，会议用房分为专业化的会议厅、会议室，以及用于展览、会议等多项活动的多功能大厅，还包括在展厅内开辟的临时性会议区。

2. 室内交通功能设施

室内交通设施主要用来组织人们的室内交通活动以及疏散逃生行为。它通常由入口大厅、中央大厅、内部廊道以及楼、电梯等水平和垂直交通设施组成。其中入口大厅与中央大厅对会展建筑室内交通活动的影响最为显著，它们在相当程度上决定着会展建筑的平面规划和空间布置。

（1）入口门厅

是会展建筑室内空间的起始与结尾。作为一种重要的过渡性空间，它为人们开展会展活动之前的各类准备工作提供了场所和设施，因而其内部空间主要用于设置较大规模的交通通道和问讯、安检、个人储藏、休憩座椅等基本的服务性设施。同时，作为一个礼仪性的空间，入口门厅还常常被用来举办展会的开幕式活动，这使它成为一种多用途空间。

（2）中央大厅

是指会展建筑中连接各展厅和会议用房并设置展会重要配套服务设施的一条室内长廊式大空间，它是会展建筑中最为重要的交通空间，主要用来组织、引导参展人员的室内交通流线，同时它也是会展建筑平面布局、空间分布、功能联系的控制性要素。

3. 配套功能设施

配套功能设施是辅助会展活动正常开展的重要设施，它既包括一些固定设施，又涵盖一系列具有临时性使用特征的设施。

（1）就餐设施

在展会期间，承办方需要为大量参展人员提供餐饮服务，因此会展建筑内部必须建造适量的就餐设施。为了满足参展人员多元化的需求，就餐空间的形式需灵活多样，以体现人性化的服务宗旨。

总的来说，可将这些就餐设施分为三大类：

专用宴会厅：用于会议活动中的高规格接待宴会，包括各类大型中餐、西餐以及清真餐等宴会活动。专用的宴会厅集中设置应自成一体并且靠近会议区，二者之间通过独立交通空间加以联系；各类厨房原则上紧邻宴会厅或位于其下一层设置，会展建筑内的宴会厅和厨房须符合餐饮建筑的设计要求。通常可设对内、对外两条流线，在展会间歇期间可对外营业，以便提高设施的综合利用水平。

集中化的快餐区：向绝大多数参展人员提供餐饮服务。会展建筑内部通常设置多个大型快餐区，以便在集中的时间段内解决大量参展人群的就餐问题。快餐区用房可为永久性建筑，也可为室外场地中搭建的临时性建筑，其位置通常均匀分布在展厅之间的空地上，或者展厅内部两侧的夹层空间内，再或室内交通空间的一隅，以便各个展馆和交通空间内的参展人员用餐就座。

特色食品销售点：包括一些小型的风味餐厅、咖啡座、酒吧间以及特色小吃广场等。这些餐饮设施既可以与快餐区合建在专用的餐饮楼内，也可独立分设在展厅、交通大厅内的夹层空间、边缘角落中；还可以咖啡座、茶座的形式出现在室外广场上。其主要目的是为参展者提供多元化、特色化的餐饮服务。

（2）住宿设施

会展期间的住宿方式包括：通过会展场馆自建的酒店设施来解决住宿问题；借助会展中心周边开发建设的城市酒店、公寓，就近解决住宿问题；通过便捷的城市交通设施前往市内的酒店、公寓和出租房，充分利用市内已有的服务设施来安排住宿；借助高速公路或者城际列车前往区域内较近的毗邻城市来安排住宿，以实现资源共享，达到"同城效应"。

（3）综合服务设施

在举办展会期间，综合服务设施通常依照会展活动的功能特性与活动流程，有序地安排在主入口大厅、中央大厅、展厅货运口等交通空间的醒目位置，利用人员与货物频繁往来于此的特征，为参展商、观众提供集中化、便捷化的服务。

①展会现场服务中心：在入口门厅和展厅的货运出入口处，设置主办方现场服务中心以及场馆经营方现场服务台。它们为参展商的布、撤展工作提供便

捷的"一站式"服务（包括受理各类展台施工、消防咨询、展具租赁、投诉等手续）。

②售票咨询柜台：开展期间，在入口门厅内或入口广场上设置客户服务中心与临时售票点，便于参观观众办理登记、购票、咨询事务。为提高售票、问询效率，避免人们排队等候，上述设施一般都以临时性建筑的形式分布在入口广场上，建筑内部设置多处售票和问询柜台；同理，门厅内也设置多个检票口和电子安检通道，以提高检票和安检效率。

③商务服务中心：为便于参展人员开展各种商务活动，应在中央大厅或者入口门厅处，设置包括商务中心、银行、邮电通信、新闻中心、广告制作、旅行票务在内的综合服务柜台或窗口，以便于参展者寻找并集中办理各类事务。

④公共安全保障设施：为确保公众安全，及时处置突发性危机事件，需要在会展建筑内设置警署和医疗急救室。这两类设施通常位于场馆主要交通空间内，其位置应较为醒目且易于寻找。

4. 辅助功能设施

辅助功能设施是保障、支撑会展场馆正常运转的固定性功能设施，它主要有：

（1）后勤办公设施

会展建筑的经营管理机构与后勤保障部门往往下辖多个分支机构，拥有较多的工作人员。为此，会展中心需要设置专门的综合行政区来容纳这些机构和人员。从集约化发展的角度出发，应将后勤和办公机构设置在一个综合行政区内，不仅可以为参展、参会企业提供一体化的服务，而且也便于解决内部员工的后勤生活问题。

大型会展建筑内部工作人员数量多，房间设施的组成较为复杂，宜设独立式综合行政区，使各行政用房的布局集中，交通流线独立清晰。在规划布局上，该区和展览、会议区应当保持紧密联系，且易于寻找。

还可以将后勤办公用房同展览、会议等核心设施整合在一幢建筑综合体内，充分利用展厅、交通厅等大空间和普通办公用房在层高上的差别，采用设置夹层的手法，在大空间单侧或双侧设置多层式综合行政区，并使它和展厅、会议厅之间建立便捷的联系。为了确保工作人员、参展客户在会展建筑内能够迅速准确地找到行政区的位置，必须建立一条清晰、快捷、独立的交通流线以及完整的引导标识系统。

（2）公共厕所

每座展厅内应设男、女厕所各两间，每间厕所面积大约在 50～100 平方米，分别位于展厅两侧的"伺服空间"内。通常情况下，这些男、女厕所并不相邻设置，而是分列在展厅主要出入口的两旁，之间距离较远，以求分布均匀和避免人员在使用中产生拥挤。对面积达到 1 万平方米以上的大型展厅而言，厕所间的数量应当更多。

主要交通空间内的厕所分布应具有均好性，一般应每隔 50 米间距设置一处，同时避免其出入口设置对人们的视线和嗅觉产生干扰。还应在大厅内设置引导标识以便于人们寻找。此类厕所前室或通道应拥有分别通向中央大厅和展厅的双向出入口，并且在两个出入口处做好防火设计。

行政办公区以及专用餐饮建筑的厕所布置同样需要注意分布均匀，位置易于寻找以及避免异味和视线干扰等。

为确保厕所符合无障碍以及"人性化"使用要求，会展建筑内的厕所设计还需符合无障碍设计要求，以关怀残疾人和老年人使用者；在厕所卫生器具的布置和尺寸设计上应当注重儿童的使用特征；依照国际标准，各类卫生器具均采用感应式冲水系统；还应为厕所内部营造温馨优雅的环境。

（3）建筑设备及其用房

包括变电站、配电房、备用发电机房、中央空调机房、制冷机房、水泵房、生活消防蓄水池、污水处理用房、热源交换站、电话交换机房、燃气调压站，等等。同其他类别的大型公共建筑相似，大多数设备机房通常被置于会展建筑的地下空间内，而消防水池的设置可以和地面上的大型水景相结合。另外，中央空调的室外大型机组通常被布置在场地上远离人员活动范围的区域内，对用地紧张的场馆而言，可以将这些大型机组搁置在场馆屋顶上以节约用地。

在新时期，随着绿色建筑设计理念和相关技术的进一步深化提高，当代会展建筑在清洁能源的开发利用、减少对城市环境污染问题上，必然会向着更深层次的方向发展，例如对太阳能发电和地热的利用、对热循环过程中热能的再利用、对中水系统的建设以及对废弃物和气体的处理等。基于这一发展趋向，会展建筑的设备用房也将在规模和涵盖的内容上具有更大的发展空间。

（4）综合监控中心

随着当代建筑智能化水平的不断提高，涵盖楼宇自动化、消防自动化、安保自动化、通信自动化、停车管理自动化等先进系统在内的综合监控中心已成为现代化会展建筑的关键设施。这些自动化系统借助综合信息管理系统集成，对整座场馆进行集中化监控、管理。

（5）库房区和展具加工间

主要用作展览器材和设备的堆放、工作叉车的停放以及展览工程的临时制作。库房设施一般分为场馆方的库房以及参展商的库房两类。其中前者大多位于行政办公区以及展览区、会议区内，可集中布置也可分散布置，并紧邻所服务的对象设置（如展厅、会议厅、办公室）；后者可分设在展厅内。在布展期间，由于大量货物（包括集装箱）需要临时堆放，因此常会在室外展场上设置大型临时库房，以便堆放各参展商的物品。

（6）废弃物处理设施

会展活动举办期间会产生大量的固体废弃物，如何处理这些废弃物，不仅关系到会展建筑室内外的环境品质，而且会影响城市整体环境，因此废弃物处理设施必不可缺。

二、会展建筑的平面布局安排

1. 总体布局："集约化"设计

当代会展建筑在平面形式上越来越趋于紧凑和集中。建筑平面结构由一条主轴线控制，在轴线的单侧或双侧近乎均匀地分布着各核心功能设施及其配套性、辅助性设施，而该主轴线则贯穿整座场馆的中心大厅，形成"一轴多块"式平面形态。居于中轴线上的建筑空间，既是建筑平面形态的骨架，又是室内重要的交通枢纽和引导空间，同时也是容纳各项服务设施的核心服务区（图6-8）。

这种高度集约化的平面形式具有如下优点：

（1）交通更为合理

在集中式平面结构中，各类交通流线变得更加简单明了、安全高效。其中，人员活动流线大多数情况下都集中于室内，车辆的活动范围被约束在室外停车场地和车行道路上，而货物流线则位于展馆的后勤卸货区域，三者各成一体、分流

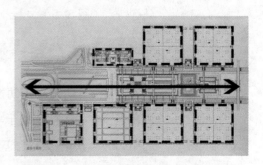

图6-8　莱比锡新会展中心平面布局

清晰，互不交叉重叠。

（2）空间更为紧凑

集中式的平面能够令室内各个空间更为紧凑，从而大大减少参展观众的步行距离；与此同时，集中布局的各个空间在引导标识的系统化指引下，还可明显增强其可视性和识别性，这一点对于大型会展建筑而言效果最为明显。

（3）使用更加灵活

集约化的布局令各展厅之间联系紧密、可分可合，因此空间显得异常灵活，对大、中、小型的会展活动都能适应；同时还可穿插举办多项不同题材的展会活动且互不影响，这一点对于展会活动较多的会展建筑而言尤为重要。

（4）扩建更为简便

集中式布局令后续扩建更为简便，通过复制各个核心建筑和相应配套服务设施，可以使新建场馆有机融入原有的空间结构体系中，令新旧建筑浑然一体且联系方便；这种扩建还非常有益于将原有场馆的管理经营模式直接套用到新建部分，同时扩建工程的施工丝毫不会干扰原有场馆的正常运转。

（5）建筑更加节能

对于寒冷、炎热地区而言，集中式布局使大部分活动都可在室内进行，避免外部恶劣气候的干扰；而从建筑体形系数对于节能的意义来看，集中布局明显优于分散布局。

2. 核心功能——"模块化"设计

会展建筑的单元模块包括展厅和多功能厅、会议用房三种。这些模块均由长轴形的中央大厅加以连接，紧密而有序地排列组合在中央大厅的单侧或双侧。这种集约化的单元模块组合方式，使会展建筑在建造和使用上显得更为合理、高效，具有灵活适用、施工快速、造价经济、技术合理以及便于扩建等特点（图6-9）。

常见的会展建筑单元模块的组合大体分为以下四种模式：

（1）单元联排式

即各展厅（包括多功能厅）单元在长边上紧密相连，且由中央大厅加以串连，中央大厅则位于单列展厅的一侧或者两列展厅的中间。在这类布局中，因会议用房在建筑平面中所处的位置有所不同，所以又可分为两类形式（图6-10）：

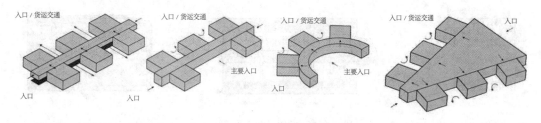

图6-9 会展建筑单元模块组合示意

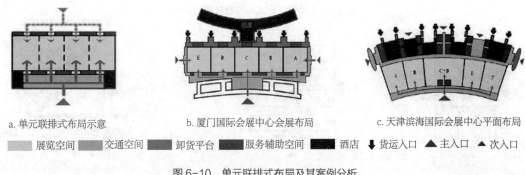

a. 单元联排式布局示意　　b. 厦门国际会展中心会展布局　　c. 天津滨海国际会展中心平面布局

▨ 展览空间　▨ 交通空间　▨ 卸货平台　▨ 服务辅助空间　■ 酒店　↓ 货运入口　▲ 主入口　▲ 次入口

图6-10 单元联排式布局及其案例分析

①各会议用房作为一类单元模块，独立于展厅区域之外，因此展览区和会议区之间相互独立，交通流线区域简单明朗，没有干扰。大型会展建筑由于其会议区规模较大且内容繁多，宜采用此种形式，例如厦门国际会展中心。

②将会议用房和展厅在内的各单元模块包容在一座建筑综合体内，展厅位于建筑的前区，会议区与少量办公用房、辅助用房组成多层式综合楼，则位于建筑的后区，两者相互平行且由室内交通空间加以联系或分隔。中小型会展建筑会议区面积较小，采用此种形式更为经济，如天津滨海国际会展中心。

联排式布局更为集中，各展厅空间既可相连，又可借助灵活隔断加以分割，因而使用上更具有弹性；同时，它还可以节约土地、减少能耗。而它的弊端则是各展厅直接对外的出口相对较少，因而需加强消防疏散设计；此外，由于展厅外墙较少，因而对外的货运出入口也相对少于并列式展厅，这导致布展、撤展活动效率较低。

（2）单元并列式

各展厅单元以仿生学为设计原理，有机地排列在中央大厅的单侧或双侧，而各单元之间并不直接相连，因此建筑平面类似于鱼骨形状。在并列式布局中，各展厅单元之间可以是露天卸货场地，如莱比锡会展中心、慕尼黑会展中心及

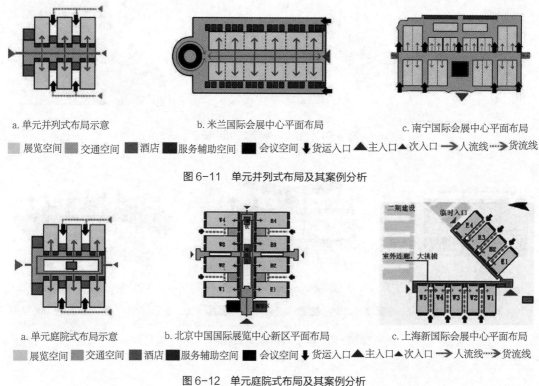

a. 单元并列式布局示意　　　b. 米兰国际会展中心平面布局　　　c. 南宁国际会展中心平面布局

▨ 展览空间 ■ 交通空间 ■ 酒店 ■ 服务辅助空间 ■ 会议空间 ↓货运入口 ▲主入口 ▲次入口 ➡人流线 ┅➤货流线

图6-11　单元并列式布局及其案例分析

a. 单元庭院式布局示意　b. 北京中国国际展览中心新区平面布局　c. 上海新国际会展中心平面布局

▨ 展览空间 ■ 交通空间 ■ 酒店 ■ 服务辅助空间 ■ 会议空间 ↓货运入口 ▲主入口 ▲次入口 ➡人流线 ┅➤货流线

图6-12　单元庭院式布局及其案例分析

米兰展览中心的平面格局；也可以是服务于展厅的各类辅助用房，如我国南宁国际会展中心和长春国际会展中心的平面格局。会议用房作为独立单元，大都同展厅一样分布在中央大厅的一侧（图6-11）。

并列式布局凭借各主要功能设施的独立分布，令使用者更易于完成寻址、认知等行为，因而能以简洁清晰、互不干扰的流线系统组织人流、物流；在消防疏散上，各单元模块拥有单独的对外疏散路线，当某个建筑单元模块发生火灾时，不至于危害到其他建筑物以及人员的安全疏散；而分布在各展厅之间的一组卸货场地不仅能够圆满解决货流运输问题，而且还可兼作室外休息空间。并列式的缺点是占地较多，且由于外墙较多导致建筑能耗增大。

（3）单元庭院式

将单元并联式中央的人流通道赋予更完善的休憩和景观功能，形成中心庭院，庭院可作为室外展场或休息活动区，或把会议服务部分设置在中心为所有展厅服务。这种模式采光通风良好，提升了展览环境，是特大型会展建筑的经典模式。如德国的慕尼黑会展中心、莱比锡会展中心、上海新国际博览中心和北京中国国际会展中心新区等（图6-12）。

（4）混合式

一些大型会展场馆，展馆主体部分采用集中式或单元式布局，会议、酒店及其他配套设施则分散布置。这种形式也是特大型展馆常用的布局模式。

3.流线设计

会展建筑在会展期间人流量较大，流动性较强，因此为了保证功能的合理性以及消防疏散的安全性，总体交通流线的设计十分重要，应对人行流线、车辆流线和货物流线进行精心合理的安排（图6-13）。

（1）流线顺序

①参观者流线：室外集散广场——入口登录大厅（利用电子登录系统收集参展商和参观者的信息）——展厅或会议厅——服务区域——出口；

②工作人员流线：工作人员入口——办公区域——展厅或其他区域；

③货物流线：货物入口——货运专用道路——货物装卸区（或货车专用停放场地）——展厅或仓储区——出口。

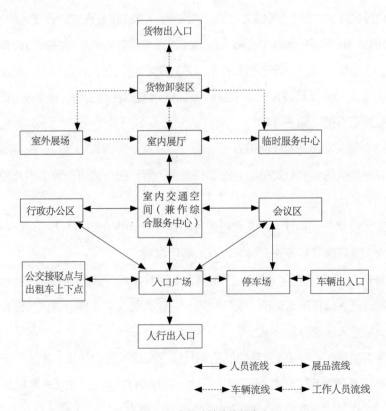

图6-13　会展建筑流线示意

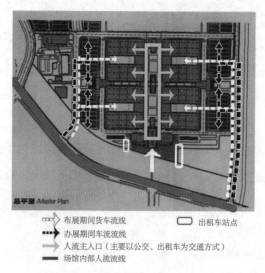

总平面 /Master Plan

▭▭▷ 布展期间货车流线　　　▢ 出租车站点
▬▬▶ 办展期间车流流线
➡ 人流主入口（主要以公交、出租车为交通方式）
━━ 场馆内部人流流线

图6-14　北京中国国际展览中心新区流线分析

（2）车流、货流与人流的协调组织

车流、货流和人流的组织原则：各设入口和通路，避免交叉，路线简短快捷。当场地既有因素导致货流与人流在水平方向发生交叉时，需要采用立交处理，利用台阶、坡道、架空首层、从二层进入等方式在垂直方向分开人流货流。

例如北京新国际会展中心将人行通道放在建筑最短面，并在此面设置出租车和公车停靠站点。货运通道和停车场入口放在最长面，人行与车行相互之间没有交叉点，各行其道，互不干扰。而且货运通道在最长面，进货通道更多，进展撤展更方便（图6-14）。

（3）竖向设计与流线的关系

会展建筑的剖面形式根据人流、货流进入展厅的方式可分为以下几种（图6-15）：

①底层直接入展厅：人流直接通过门厅、交通连廊到达展厅，流线简洁，可减少大量竖向交通设施，货车可开入展厅布展。

②先上后下入展厅：利用展厅高度大（通常是前厅高度两倍）的特点。人流一般通过入口台阶或架桥上至门厅或交通连廊的二层，然后通过扶梯和电梯下至一层进入展厅。

③夹层展厅：为保证展厅空间的完整性，交通设施如扶梯、传送带一般设置在展厅外的前厅、过厅或交通连廊内；展厅的空间高，可以局部设置夹层办展，这样展厅内既有满足普通展品的空间，也有满足特殊展品的高大空间，

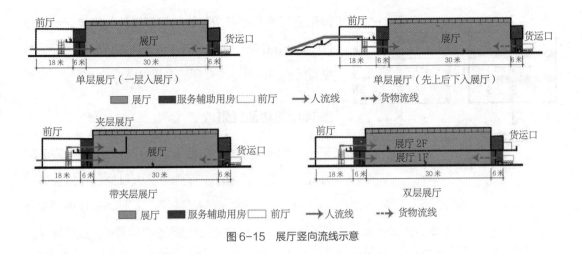

单层展厅（一层入展厅）　　　　　　　　单层展厅（先上后下入展厅）

■ 展厅　■ 服务辅助用房　□ 前厅　→ 人流线　⇢ 货物流线

带夹层展厅　　　　　　　　　　　　　　双层展厅

■ 展厅　■ 服务辅助用房　□ 前厅　→ 人流线　⇢ 货物流线

图6-15　展厅竖向流线示意

合理经济。

　　④双层展厅：二层展厅的货物配送，可以通过设置二层货运通道使货车直达二层卸货，也可以通过展厅内设置重型货梯解决。

第四节　会展建筑的主要功能空间设计

一、展览空间设计

　　室内展厅是会展建筑最主要的使用空间。展厅的设计主要从其使用要求出发。通用性强，多模式组合，布展、办展、撤展方便快捷等是展厅设计的三个要点。

1. 展厅的规模和等级

　　展厅按照面积划分等级。甲等展厅：单个展厅面积大于1万平方米；乙等展厅：单个展厅面积达5000～1万平方米；丙等展厅：单个展厅面积小于5000平方米。针对不同等级的展厅有不同的设计规定。

　　国外近年来新建单个展厅面积多在1万平方米以上；根据我国展览情况，大型会展建筑的单个展厅规模建设在5000平方米至1万平方米较为适宜，国内近年来新建展厅的面积多大于5000平方米，一些集中式布置的展厅单层面积甚至超过了2万平方米。单元式布局的展厅，如上海新博览中心、北京新

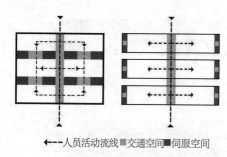

←--- 人员活动流线 ■交通空间 ■伺服空间

图6-16　展厅功能布局示意

国际会展中心等吸取了德国展厅设计的经验，都采用70米×160米、面积1万平方米左右的标准展厅，这也是近期国内外单个展厅的主流规模。

2.展厅的功能区组成

标准的展厅主要包括入口前厅、展示区、服务辅助用房三部分。展厅前厅一般在入口处，并结合展厅前的交通连廊形成缓冲空间，设置问询台、布置导示图，标明本展厅内展位分布及服务用房分布。展示区是展厅主要功能区，包括展位和通道。服务辅助用房包括餐饮、小型洽谈室、临时行政办公室、卫生间及空调机房、变配电室、仓储用房等，这类设施所在的区域称之为展厅的"伺服空间"。它们通常位于展厅中最不利布展、最难销售的部位，如展厅大空间的两端（端头式"伺服空间"）或两侧（侧边式"伺服空间"）（图6-16）。"伺服空间"的形式一般不外乎两种：一种是以双层墙的墙内空间形式出现，这类空间形式较为封闭，因而适于布置盥洗室、库房以及小型设备间等房间；另一种形式则是外观较为开放、灵活的"房中房"形式，它们矗立于展厅大空间中，设有落地大玻璃或者挑台，因而内部宜于布置小型洽谈室、临时办公室、餐饮或咖啡座等设施，当人们落座其间时，可以观望展厅内部的各项活动。

3.展厅的平面及柱网尺寸

（1）平面形状

展厅平面形状主要有长方形、正方形、异型三种。长方形展厅易于布展、导向性强、空间利用率高、展览形式灵活，国际大型会展中心多数为长方形展厅。正方形展厅具有布展容易、空间利用率高、空间均好性强、交通便捷、占用面积少等优点，但空间的方向感弱。异型展厅平面形式活泼，适合于布展随意的艺术馆、博物馆，但空间利用率不高，不适合以展位为布局单元的会展展厅，因此较少采用。一些会展场馆会设置一两个异型展厅作为常设展厅或特色展厅，造型上采用不同的设计手法为整个建筑增色。

（2）平面尺寸

展厅平面尺寸的确定，不仅需要适应会展业的发展，而且还应符合消防疏散以及人的使用行为这两项要求。从消防角度看，我国建筑防火设计规范规定

人员从房间到出入口的疏散逃生距离应
介于 30～40 米之间，因此展厅宽 70 米
左右时，展厅中部与两侧疏散出口的距
离基本可满足防火疏散要求；从人们的行
为习惯来看，有资料证明，正常人的视
野范围大致在 35 米左右，因此展厅宽度
定为 70 米左右，可以保证位于建筑中部
的人们清楚地看到展厅的两个侧边，便
于他们在巨型展厅中确定方位。因此对
常见的 1 万平方米左右的大展厅而言，
当它采用长矩形平面时，从布展角度出
发，展厅尺寸定为 140 米 ×70 米范围左
右，适合于各种形式的布展和疏散通道设计。

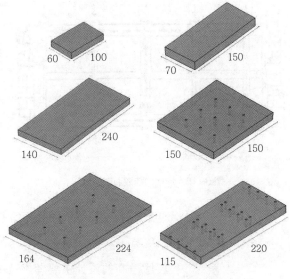

图 6-17　展厅平面尺寸及柱网示意

综上可见，大展厅长、宽方向的净尺寸（不包括展厅两端的辅助用房）在
140 米和 70 米范围左右较为理想。例如慕尼黑新会展中心的 C1～C4 号标准
展厅，其面积均为 1 万平方米，采用了 143 米 ×71 米的矩形平面形式（其中
长方向的净尺寸为 139 米）。而面积更大的展厅，其平面尺寸可在此基础上予
以扩大，同时采取相应的消防加强措施以保障人员疏散的安全性（图 6-17）。
例如德国杜塞尔多夫会展中心的 6 号展厅，其尺寸为 160 米 ×160 米，而法
兰克福会展中心 3 号展厅的尺寸甚至达到了 220 米 ×140 米。

（3）柱网尺寸

国际标准展位尺寸为 3 米 ×3 米，柱网尺寸以此为模数确定，这样便于
灵活布展。国内中小型展厅和多层展厅的柱网尺寸常采用 9 米 ×9 米或 12 米
×12 米，这种尺寸兼顾了结构经济性和展位布置的便捷性。随着会展业的蓬
勃发展，展品的多样化，展厅的多功能使用，无柱的大型展厅已经成为近期会
展场馆建设的热点。

4. 展厅的疏散通道和疏散口尺寸

展厅内通道尺寸主要考虑展位前观众的聚集。主通道应尽量直通疏散
口，净尺寸不宜小于 5 米，以便于消防车进入，次通道尺寸不宜小于 3 米（图
6-18）。按照消防疏散要求，展厅两侧一般设有多个疏散口，其中控制人流的

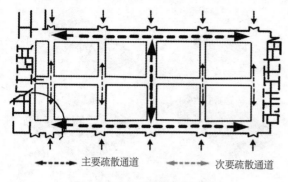

主要疏散通道 --- ---→ 次要疏散通道

图6-18 展厅的疏散通道示意

出入口一般面向前厅或交通连廊，其余疏散口多直通室外场地。这些疏散口布展期间往往是货运出入口，办展期间是人流通道，连通展厅和室外展场。

5.展厅的净高

根据相关规范规定：甲等展厅室内净高不宜小于12米，乙等展厅室内净高不宜小于8米，丙等展厅室内净高不宜小于6米。国际通常的展馆净高设计高度为13～17米。

展厅净高的设计主要考虑三个因素：一是布展时吊车的作业空间，一般10米左右的高度已足够吊车作业；二是展品所需要的空间高度，如帆船展、机械设备展等对空间高度要求高；三是布展方式，如两层搭台的布展方式。另外，屋架悬挂宣传画幅，大空间空调送风送达的净空高度要求也是影响因素。

展厅净高并非越高越好，而是要有一个合理尺度，如有特殊需要，可设置一个特殊的高大展厅。一般会展中心都会设一个或几个高空间展厅，举办特殊展览或体育活动项目，高度可在20米以上。

6.展厅的层数

在展览建筑中，单层式和双层式展厅因为疏散方便，布展与撤展效率高、与其他功能单元之间联系便捷，因而成为当代会展常采用的方式。

（1）单层展厅：单层展厅净高一般都在10米以上，结构简单，可提供无柱的高大空间，为充分利用空间可在周边设置夹层布置会议、洽谈、餐饮、管理、机房等服务辅助设施。单层展厅避免了大量垂直交通带来的麻烦，货车可以直接开入，布展撤展方便，消防疏散相对简单。

（2）双层展厅：双层式展厅建筑密度高，节约用地。需要大量扶梯和疏散楼梯，需考虑二层展厅的货流运输，一般需要设置大型货梯或货运坡道；下层展厅需设柱，空间高度6～8米左右，上层展厅限制较少，多在8米以上，可根据屋顶造型的不同而变化展厅的空间高度。

（3）多层展厅：多层展厅的空间使用及结构形式均受到很大限制，通常采用钢筋混凝土框架结构。首层展厅比较高大，一般6～8米左右，上面各层净高通常在 4~5 米，低矮的空间限制了展览布置形式与展品的大小种类，难以满足大型会展的需求。有些多层式展厅将展览功能设在首层或二层，办公、会议、餐厅等设施设在多层部分；一些展馆利用多层或高层部分作为常年展示之用，既没有巨大交通量的压力，对楼地面荷载、柱网和层高等也没有特殊要求，令多层式展厅高密度高效率的特点得到了充分发挥。

二、会议空间设计

（1）空间分布

为便于各会议室空间的组合或分隔使用，并简化会展建筑室内各功能流线的关系，会议区单元通常集中布置在一处，以便形成一个独立、完整的会议中心；此外，会议区单元在平面布局上还同室外集散广场、展览区以及配套服务区之间具有便捷、清晰的联系，以便与会人士能够快速、高效地在会议区与上述区域之间流动（图 6-19）。

对于大型的会展建筑来说，会议区单元最好坐落于整个建筑平面的适中部位，以便拥有较为合理的服务半径；此外，会议区还应贴近场馆出入口布置，并分别设置独立的对外和对内出入口，以便来自各个方向的与会人员均能快速、便捷地抵达会议区（图 6-20）。

还可将会议用房和展厅单元并入一座建筑内部，展厅位于建筑前区，会议区与少量办公用房、辅助用房组成多层式综合楼，位于建筑后部，二者之间空间并列且由室内交通空间加以联系。在展览期间很多小型会议洽谈活动基本都在展区内进行，因此可在展厅周边的夹层或连廊部分设置 10~30 人的小型会议室，便于在展览期间进行相关小型会议洽谈活动（图 6-21）。

各会议室、会议厅之间采用廊道式、广厅式等常见的平面形式来组织。为了在会议区营造良好的空间气氛，同时使内部交通路线更为清晰易认，通常可设计 1~2 处较大的公共交通空间，如大厅或者宽阔的中央长廊，使之起到控制整个会议区平面结构的核心作用，而各个会议用房则成组团状布置在该核心公共交通空间的四周或两侧，在此基础上，每一组团内的会议室再通过廊道或小厅加以联

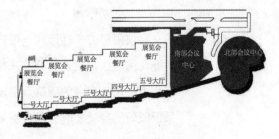

图 6-19 悉尼国际会展中心会议空间

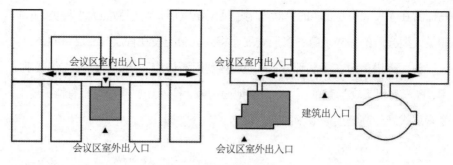

图 6-20　会议单元位置示意

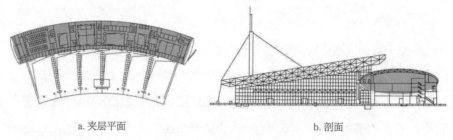

a. 夹层平面　　　　　　　　　　　　　b. 剖面

图 6-21　展厅和会议区合并布展示意（天津滨海国际会展中心）

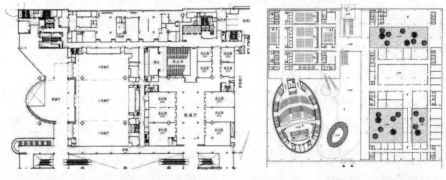

图 6-22　新加坡国际会展中心会议空间　　　图 6-23　米兰国际会展中心会议空间

系，从而使各会议室的分布更加条理化、层次化，以便于人们对这些繁多的会议用房开展分区管理和使用（图 6-22、图 6-23）。

（2）平面形式

会议用房的平面形式一般较为自由，采用圆形、椭圆形、矩形、扇形、钟形等几何形状甚至是具有特殊寓意的自由形状作为会议厅（室）的平面，不仅有利于会议室自身的建筑声学设计，而且可以促使那些平面形式过于规整甚至呆板僵硬的会展建筑看上去更为自然、轻快、有机，也更容易同周边环境取得协调。

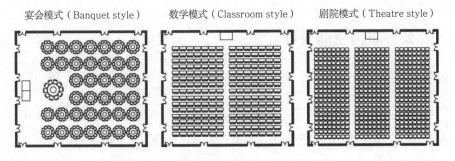

图6-24 会议室座位布置方式示意

（3）功能组成

会展建筑的会议系统一般包括大中小型会议室（厅）、大型多功能厅、贵宾室。

①会议室（厅）：专为展览服务的会议厅规模一般在300～500座，独立承接大型会议活动的大型会议厅常在1000座以上，座椅布置多为剧场式。其他一些小型会议室面积在20～200平方米不等，举办一些小型座谈、报告、业务洽谈等活动。会议室设计应考虑多种座位布置方式的可能（图6-24）。

②多功能厅：会议中心一般设置一个多功能厅，一般规模为500座。可进行会议、宴会、演出、集会等多种活动，地面齐平，采用活动座椅，很多还设活动隔墙，可灵活分隔使用，一些会展场馆也利用某个展厅兼做多功能厅。

③贵宾室：会议中心需设置若干贵宾室，即高档的商务洽谈室，供重要客商举行洽谈等活动。

④其他：特大型和大型会展中心宜设新闻中心，包括新闻发布厅、媒体登录、记者服务处等；一些大型会议中心还专设有报告厅、商务中心、宴会厅以及住宿娱乐等服务设施。

（4）设施设备

先进的会议中心应配备多种语言的同声传译系统，自动投影仪，先进的电影、音响视听播放设备，照明系统，应有足够的网络通信接口，电话及闭路电视设备，并配备相应的服务间；一些大型会议厅也可兼做歌舞表演、音乐会、大型活动、宴会等多功能用途，可配置活动隔墙、活动地板、可移动座椅等设施，便于场地的灵活使用，并应进行一定声学处理。

三、公共服务空间设计

1. 交通服务空间设计

（1）主入口大厅设计：大型会展建筑应至少在不同方向设三个入口门厅。入口门厅主要提供入展登录服务，一般设有外区和内区。外区是自由区，内区是控制区，内外区之间设置票闸。外区一般提供票务、咨询、寄存、监控等功能，通常设有售票处、参展商登记处、信息咨询部、临时寄存、咖啡厅、商店、银行、邮局等。内区是经检录的人群通往各通廊的缓冲空间（图6-25）。

主入口大厅是会展建筑中重要的交通枢纽，连接入口集散广场及各个展厅、会议中心、餐饮中心，并应与新闻发布中心和贵宾室有方便的联系。主入口大厅除办理入展手续和咨询服务外，往往具有多种功能，可举行开幕仪式及集会表演，也可将部分区域划作临时展场，犹如室内广场。

（2）交通连廊设计：交通连廊连接会展场馆各功能区块，通常兼具展厅前厅功能。在不同展馆有独立开放要求时交通连廊可分割为独立前厅。交通连廊一般较宽，除了疏通人流和作为休息空间外，还可以进行宣传展览或是商业促销活动。一些大型会展中心在展厅之间的交通连廊设置水平扶梯(快速传送带)，大大方便参观者观展。

（3）垂直交通设计：大型会展场馆人流量大，展厅、大厅等空间主要采用竖向自动扶梯输送大量人流，辅以垂直电梯和楼梯。因为普通客梯、扶梯不防烟、不防火，火灾时电梯井将可能成为加速火势蔓延扩大的通道，因此应避免将电梯、扶梯直接设置在展厅内。一般展厅的疏散楼梯和垂直电梯布置在展厅边跨夹层，但多面向交通连廊开门；竖向自动扶梯也多设在交通连廊内，这样同时也保证了展厅空间的完整性。

2. 生活服务空间设计

大型会展场馆需要提供餐饮服务，可集中布置在人流聚集处，同时在每个展厅的边跨夹层可布置一些小型快餐点、咖啡厅。除小型餐饮设施外，各展厅中还应包括问讯处、现场服务处、网吧、贵宾室、饮料间、卫生间、小型办公和洽谈、急救中心等服务空间（图6-26）。

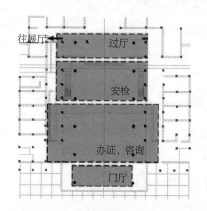

图6-25　北京中国国际会展中心入口大厅

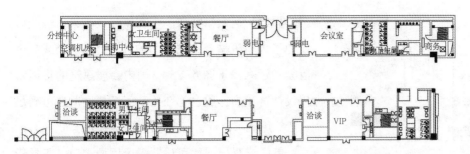

图6-26　北京中国国际会展中心新区标准展厅两侧生活服务空间布置

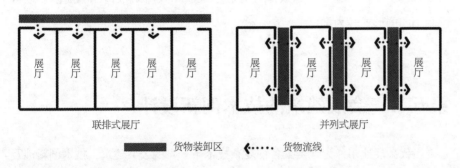

联排式展厅　　　　　　　　　　　　并列式展厅

████ 货物装卸区　　◀┅┅┅ 货物流线

图6-27　展厅与货场位置关系示意

四、货运空间设计

1. 货场

货场是会展场馆的重要组成部分，既是堆货场，又是物流通道。货场位置通常紧邻展厅。一些场馆利用周边道路作为卸货场地。货场在展览期间可作为室外展场，因此需考虑埋设管井，留各种设备接口，方便室外展览的电力、电话、网络、水的独立使用。在装卸区内需设废物箱和垃圾压缩箱。

单元联排式布局货场多位于展厅后侧，其装卸货区域大多紧邻展厅背面设置，宽度一般为18米左右，从而形成了一个规模较大、紧贴展厅的带型装卸场地；单元并列式布局常利用展厅之间的空地作为货场，空地的宽度为34～38米，以便于集装箱卡车调转方向（其转弯半径18米）（图6-27）。

单层式展厅货车可直接开入展厅。双层式展厅可在展厅货运入口处设置重型货梯。

2. 货运入口

根据专业数据统计，每百平方米展览面积的货运口宽度平均为0.3米左右。

图 6-28　斯图加特会展中心出入口

国外展厅货运入口宽和高多在 4.5~5.5 米，一些展厅为了大型机械或大型展品的进入而设一个或多个巨型货运入口（图 6-28）。国内会展建筑的货运入口设计宽和高一般也都在 4.5~5.5 米之间，可满足一般使用要求，货运门多采用卷帘门形式。

单层或双层展厅可设置多个巨型入口，兼具货运入口、消防车入口和人流疏散口三重功能。以大门套小门的形式较为常见。

第五节　会展建筑的技术创新设计

当代会展建筑作为一类集各种复杂技术于一身的公共建筑，技术创新涉及面十分广泛。会展建筑的技术创新，这里指的是包含新技术、新结构、新材料、新工艺在内的广义上的技术创新，它由结构技术创新、施工技术创新、材料技术创新以及构造技术创新四部分共同组成。

一、结构技术

1.大跨空间

当代会展建筑的展厅空间由过去的数千平方米激增到上万平方米，空间的结构形式在钢结构技术飞速发展的支撑下，彻底摆脱了传统的框架式结构体系，取而代之的是各式各样的大跨空间结构，例如钢结构空间网架体系、预应力钢桁架结构体系、钢悬索结构体系、预应力张弦梁结构体系等。这些新结构技术不仅使当代会展建筑的展厅跨度普遍达到了百米乃至百米以上的水平，而且可采用巨型无柱大空间，在使用上具有了很大的灵活性（图 6-29）。

2.组合结构

由钢材和混凝土组合而成的钢筋混凝土结构是最为基本的组合结构之一，它充分发挥了钢材的受拉性能和混凝土的受压性能，组合成为一种抗拉和抗压性能均很强的结构体系。而拉杆拱结构通过拉杆的受力来平衡拱结构的支座推

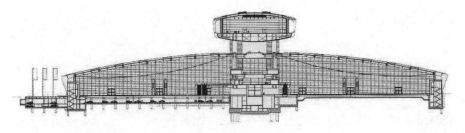

图 6-29　深圳会展中心

采用双箱梁拉杆拱与张弦桁架相结合的结构形式，使内部的 9 座展厅全部实现了 126m 的超大跨度

图 6-30　天津滨海会展中心　　　　　图 6-31　汉诺威会展中心 4 号厅

斜拉索结构和空间桁架结构相结合　　　扁拱形桁架和缆索支架相结合

力，发挥出了结构的综合优势，从而成为一种复杂的组合结构。这些组合结构的发明创造与运用充分展现了人类的聪明才智和创新精神，并为建筑结构体系的未来发展勾勒出了美好的前景。

当代会展建筑在创作过程中积极探索研究组合结构的应用前景，创造性地运用了各种组合结构来支撑会展建筑。针对各种大跨钢结构体系的长处和不足，扬长补短，巧妙发挥每种结构的优势，优化会展建筑的结构体系，令结构的受力达到了近乎最佳的状态（图 6-30、图 6-31）。

3. 结构与建筑形式的结合

在大空间越来越普及的同时，建筑设计师通过对新型结构技术进行大胆而富有创造性的使用，令当代会展建筑不仅满足了会展活动的功能所需，而且焕发出各具特色的形式美，尤其在屋盖形式方面进行了技术和审美的巧妙融合，既丰富了建筑的屋顶轮廓，又美化了城市的天际线，体现出建筑独特的技术美。

二、施工技术

随着当代建筑工业化大生产水平的不断提高，构件生产工厂化和施工方式机械化，在大型公共建筑的建造过程中已变得越来越普及。通过采用这种先进的工业化生产方式，建筑的施工过程相比传统的手工业生产而言，显得更为科学、合理和现代化，可以大大加快建筑的建设速度，提高建筑的施工质量。当代会展建筑作为一种技术复杂、空间庞大、投资高昂的重要公共建筑，它的各项特征都要求必须采用工业化的生产模式来进行建造施工。

当代会展建筑的施工除地下工程使用混凝土结构之外，地面以上工程广泛采用了钢结构体系和各类预制构件（如金属屋面板、玻璃幕墙），因此会展建筑具备了开展机械化施工作业的条件；另外，会展建筑的施工企业在建造过程中不断提高和改良各项施工工艺，通过采用各种新型施工机械和建造手段，如空中滑移、激光铅直仪中心定点、全站仪环向定位、多桅杆提升以及高空组装，来安装各类大跨结构和大面积围护构件，从而为施工作业的安全性、高效性和高质量性提供保证。

例如东京国际会展中心的会议区塔楼采用机械提升的施工方式，将巨大的四组倒梯形体量的会议建筑物，从地面逐步升至所需高度进行安装；而法兰克福会展中心 11 号厅的木制桁架梁结构构架都是事先在地面制作完成，然后再通过连续作业用机械装备提升至要求高度进行相应的安装（图 6-33）。

图 6-32 会展建筑新形式

图 6-33　法兰克福会展中心木桁架屋顶施工过程

三、材料技术

当代建筑材料技术的不断创新与改良，令新型建筑材料层出不穷，性能日趋完善，形式也日益美观。建筑师转向于强调建筑材料的使用方式和构造方法，通过运用新型材料或者以新的手法来演绎传统的材料，同样达到了建筑形式的创新发展。

纵观世界各地新建成的会展建筑，它们通过大胆采用新型玻璃幕墙、金属幕墙、索膜屋面等各种新材料与技术，并且以最新潮时尚的方式来诠释这些新型材料，使自身在材料技术创新这一领域变得游刃有余，并由此而展现出了极为丰富和积极的含义。

1. 形式创作语汇多样化

材料自身种类的丰富性和发展变幻，再加上设计人员对不同材料进行的创造性组合与拼贴，使当代会展建筑的形式创作语库大大拓展，会展建筑也由此而显现出多样化的形式美学特征。

会展建筑对预应力拉索式玻璃幕墙的运用，相比使用框架式玻璃幕墙或者采用桁架支撑的点支式玻璃幕墙而言，更能让建筑的围护界面从玻璃结构构件的束缚中解放出来，从而表现出更为通透、透亮的形式美（图 6-34）；而采用 PTEF 膜材料可以使会展建筑的形式看上去更为轻盈、时尚和美观；会展建筑以制作精致、质感细腻的金属幕墙作为围护界面，可以令其表现出美观、细腻而又充满现代气息的风格（图 6-35）。

2. 建筑质量和性能的提升

新型材料各项性能指标的提升，使得当代会展建筑的围护界面、结构构件

图 6-34　维也纳会展中心玻璃幕墙　　　图 6-35　柏林新会展中心金属幕墙

的综合质量与性能也获得了明显的提高，因而会展建筑变得更为坚固适用和耐久可靠。

例如会展建筑广泛使用钢材作为结构材料，令结构的受力性能和质量变得更为优越，而结构的自重也相应更轻；会展建筑对金属屋面板的大范围使用，使会展建筑的防水性能、耐久性能也大大提高；而采用色钾防火玻璃还可在保持空间视觉通透性的同时，提高各防火分区的消防性能。

3. 彰显建筑的可持续发展特色

新型材料中所融入的各类绿色节能技术，以及设计人员对材料的理性使用，使会展建筑迈向了可持续性的发展阶段。

例如会展建筑通过合理采用中空玻璃（Low-E 玻璃）、镀膜玻璃、在墙体中嵌入各式保温材料，可以使建筑的热工性能得到改善，有效减少能源的消耗；再例如会展建筑使用木材、钢材等可循环使用材料，能够让建筑在其全寿命周期内避免产生大量建筑垃圾；而会展建筑充分利用当地建材，还可降低异地材料在运输过程中产生的能耗，并减少材料运输对环境的污染。

四、构造技术

建筑构造关系到房屋的构造组成、构造原理及构造方法。当代会展建筑在构造技术上的不断创新，为如何建构会展建筑，如何遴选建筑材料与建筑制品，如何有效保障建筑物的安全可靠性、经久耐用性、防潮防水以及保温节能性能等重要问题提供了解决方法。与此同时，当代会展建筑对绿色节能理念的倡导，又将构造技术的创新同建筑物的可持续发展紧密联系在一起，因此会展建筑的构造技术创新又有了新的发展空间。此外，会展建筑形式上的细部构造，直接影响着建筑细部美的表达，而建筑完成度的高低在相当程度上也取决于这些细部构造的设计建造水准。

1. 构造技术与建筑使用性能

（1）金属屋面板的虹吸式排水技术

当代会展建筑普遍采用压型金属板作为屋面围护材料，这类屋面具有施工速度快、形式美观、使用寿命长等众多优点。而为了解决场馆中大面积金属屋面的排水问题，当代会展建筑引入了最新式的虹吸式排水系统（又可称之为负压排水系统或有压法排水系统），该系统较之以往传统的重力流雨水排水系统来说，具有排水管径小、横管无坡度敷设、立管数量少、流速快、自洁性能好等优点，因而非常适合于大面积屋面的快速排水。

（2）展厅地面耐磨构造技术

在当代会展建筑中，室内外展示空间的使用特性要求其地面不但有很强的承重能力，而且还应具有良好的耐磨性能。因此，地面的构造措施需要经过特殊处理。当代会展建筑基于如此之高的地面承载要求，展厅地面结构、构造技术、材料强度都产生了显著的变化，大部分展厅都采用了高强度的水泥楼地面，并使用特殊矿物骨料制成的耐磨面层来装饰楼地面以增强它们的坚固度、耐磨度和抗污染能力。

（3）压型钢板组合楼板

这种新型的楼板，通过在型钢梁上铺设压型钢板，并以此为底模，在其上现浇混凝土，从而形成一个整体性的组合楼板。它的工作原理为：上部的混凝土受压，下部的钢制衬板受弯，因此可以发挥两种材料各自的承力特性，使整个楼板获取较强的承载能力、较大的跨度、刚度以及较好的耐久性；同时，这种组合楼板比纯粹的混凝土楼板质量更轻、施工速度更快。

在会展建筑中，通过运用这种楼板，还可以在其金属衬板和混凝土之间的空隙内安装各类设备管线，因而二层展厅的管线设置可以借用这种楼板来实现。

2. 分布均匀的空中悬挂点

现代化的展览设计理念强调从全方位、立体化的角度来装饰展台，使有限的展示空间能够表达更为丰富、多样化的信息，因此展厅顶棚的钢梁上必

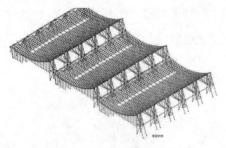

图6-36　汉诺威会展中心屋面

须设置充足的悬挂点，以便布展工作者利用它来悬挂轻质装饰物体或广告标识，为展台营造三维立体的展示效果。

考虑到展厅结构的安全性，一般规定每个悬挂点的承载极限为 200～300 千克。此外，展厅结构的布置还应尽可能为设置更多、更为均布的悬挂点创造条件。正是由于设置悬挂点的需要，当代会展建筑中展厅的顶棚无须设计吊顶。

3. 构造技术与建筑节能

采用节能构造技术可以使当代会展建筑以相对较低的成本，获取一定的节能效果。例如在寒冷地区或夏热冬冷地区选择各类新型的保温墙体、保温屋面作为围护材料，增强建筑的保温节能性；在炎热地区采用双层墙或遮阳构造遮蔽日晒；在建筑的屋顶面上设置"风帽"，促进建筑室内形成"文丘里效应"，以便利用自然资源来改善室内热工环境；条件许可时，可采用双层可呼吸式玻璃幕墙系统，达到较好的节能效果等。

例如汉诺威会展中心 26 号展馆跌宕起伏的标志性屋面形态，通过采用高低错落、连续波动的屋面形态，在室内形成了自然拔风效应，将独特的建筑造型与空气物理学的原理巧妙结合，使会展建筑不仅能够利用自然风来节约能源，而且还展现出特有的形式美，成为节能与形式美有机结合的经典案例（图 6-36）。

4. 人工与自然相结合的室内通风设施

在展会举办期间，会展建筑内人员高度密集，为了给参展人员创造健康、舒适的环境氛围，室内的通风问题必须得到有效的解决。基于动辄近百米的大进深空间已成为当代会展建筑室内空间的主要形式，因此仅仅依靠自然通风来调节室内空间质量，其实际效果较为有限，所以当代会展建筑对空调送风系统的依赖程度相当高。

为达到节能目的，当代许多会展建筑在采用空调通风之外，还利用建筑墙面上的窗洞、入口门洞以及特殊的屋顶构造，在室内形成"拔风效应"以降低夏季室内的温度，这些尝试相对于完全利用空调通风系统而言，取得了一定的节能效果（图6-37）。另外，在寒冷地区和冬冷夏热地区，为了避免冬季寒风直接吹入造成过多能耗并损害参展人员的健康，会展建筑的入口设计还采取一系列被动式或主动式节能措施来遮挡寒风的侵入，例如在建筑的各门洞处加装门斗、门帘或者采用热空气幕来加热进入室内的寒风等。这种对自然资源趋利避害式的借用已成为当代会展建筑重要的发展趋势。

5. 构造技术与建筑细部美

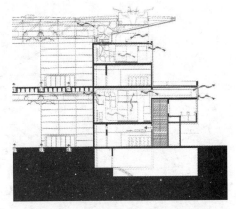

图6-37　法兰克福会展中心夏季通风示意
玻璃幕墙

构造技术不仅仅是实现建筑基本使用功能的技术手段，它还与建筑的细部美和宜人化尺度的塑造有着直接的关联。当代会展建筑在表现建筑与人文尺度、环境尺度的和谐性时，凭借大量的细部构造令建筑的形式呈现出细腻、精致的美学特色，并展示了当代建筑工业制造技术的精密性。因此，设计人员在当代会展建筑的设计过程中，将细部构造的创新同建筑的形式美糅合在一起，为建筑表达人文精神、历史文脉、环境特色等文化属性奠定了重要的基调。纵观世界范

图6-38　米兰会展中心玻璃屋盖

围内优秀的会展建筑，尽管它们有着庞大的体量，但是它们仍然可以通过构造技术向人们表达亲和、宜人的姿态，而这都得益于构造技术创新与建筑形式美的完美融合。

以米兰贸易展览中心为例，其中央通道上空所覆盖的菱形网格玻璃屋盖，仿佛随风起舞的"面纱"一般轻柔、飘逸，而这一材料与结构技术所表现出的形态美，恰恰是对意大利这个美丽国度中火山、海浪、小山、沙丘等自然景观的巧妙转译（图6-38）。

第六节　会展建筑的造型设计

当代会展建筑由于其独特的空间体量安排，以底层大跨度空间为主，其造型形体主要表现为大型体量在水平向度上的延展。会展建筑造型设计主要通过

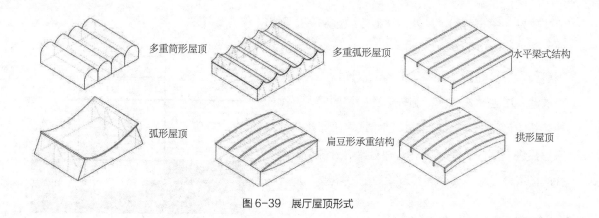

图6-39 展厅屋顶形式

建筑物的屋顶面、屋顶轮廓以及外立面的形式创作，来表达特有的形式美，将会展建筑连同整个场地规划融嵌到所在城市环境中，在城市的图底关系中形成新的肌理与秩序，使城市空间环境形成新的特色。

一、屋顶结构与形式

由于展厅内部空间需要尽可能大，同时又必须将展厅屋顶的支撑结构尽可能减少，因此大多展厅采用钢制桁架的结构形式，可以根据需要形成不同的几何形式，并达到所需要的跨度。桁架往往裸露在外，以便安装照明灯具并悬挂负载，并能营造出优雅的空间效果。此外木制桁架也可运用在展厅屋顶形成独特的效果。钢筋混凝土屋顶主要用于有柱网的多层展厅。

二、屋顶形态组合

当代会展建筑的屋面形式在相当程度上是其内部功能布局和平面组织的外在反映，伴随着这种功能布局和平面形式越来越趋向于集约化，会展建筑的屋面形态也呈现出了整体、大气的风格。

1. 集中式布局的会展建筑

屋面形式通常表现为一个完整的形体或者是多个单元体紧密衔接而成的组合形体。任何一座建筑都会受特定场所、环境、文化、经济、气候等因素的约束和限定，各地会展建筑尽管功能特征雷同，但是其屋面"形式"在整体和组

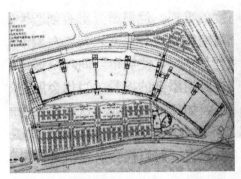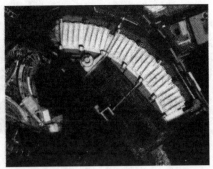

图6-40　新加坡国际博览中心屋顶

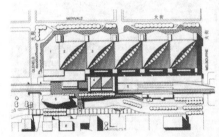

图6-41　布里斯班会展中心屋顶结合

合形体的基础上，展现出了千姿百态的变化。

（1）自由或规整的弧面形式。例如新加坡国际博览中心以舒展而富有变化的"扇形"屋面与场地背面呈弧线形铺设的地铁线路形态保持一致，为乘坐地铁而来的乘客们观赏建筑时提供一个与其行进方向相协调的视角（图6-40）。

（2）方正的几何面。例如澳大利亚的布里斯班会展中心，它的屋面形式总体上虽为一个规整的长矩形，但是在经过分割和精心的设计之后，这组由五个相同的拱形屋面组成的建筑，仿佛连续起伏的波浪一般，极富韵律美和动态美，因而成为布里斯班河南岸一道十分靓丽的建筑风景线（图6-41）。

（3）不同几何形体的有机嵌套。如东京幕张国际会展中心由半球形和巨大拱形组合而成的屋面，以简洁大气的几何形体喻意建筑周边巍峨起伏的山脉（图6-42）。

（4）对自然界中或人工制造的物体中某种形态的模拟。例如具有仿生特色的香港国际会展心，屋面形式恰似一只展翅欲飞的海鸟，显示了这座建筑滨海建造的地理环境特色与根植于海洋文化的独特形式内涵（图6-43）。

图 6-42　东京幕张展览馆屋顶

图 6-43　香港国际会展中心屋顶

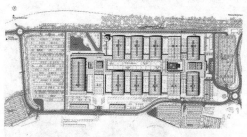
图 6-44　腓特烈登湖会展中心屋顶

图 6-45　巴伦西亚国际会展中心屋顶

2. 单元式布局的会展场馆

　　单元式并列式布局的会展建筑，其屋面形式更为清晰地显现出内部空间的脉络与骨架。其中，位于主轴线上的中央大厅恰似整个屋面形态中细长的"脊椎骨"，而各功能单元和其间的空地（或伺服空间），则有规律地镶嵌在"脊椎骨"的两侧。这类可不断延伸的屋面形式，因为具备了类似于有机生命体骨骼构造特征的外形，因而更能突显其形式的可持续生长性（图 6-44、图 6-45）。

三、屋顶轮廓

　　屋顶轮廓的形态是当代会展建筑表现其形式特色的重要语言符号。通过塑造形态变化万千的屋顶轮廓，可以使会展建筑的形式表达丰富而深刻，反映建筑师对于地域环境、文化、历史等元素的关注和思考，体现城市的形象特色和精神面貌。当代会展建筑屋顶轮廓的形态构成可分为"线、面、体"三种手法。

1. 以"直线"为特色的屋顶轮廓形式

　　（1）借助于斜拉索结构中高耸连续、整齐林立的多根金属桅杆以及由桅杆

图6-46　悉尼会展中心屋顶

图6-47　新国际展览中心屋顶

图6-48　汉诺威会展中心屋顶

上伸出的许多条纤细的斜拉钢索，来表现建筑的高技美学特色。例如悉尼会展中心乳白色标志性桅杆的秩序化排列，有力地显现出当代会展建筑结构与形式美的完美融合特性（图6-46）。

（2）以垂直相交的直线来界定屋顶轮廓线特征，或以锐角相交的形体来表现建筑的雕塑感，形成很强的视觉震撼力。例如北京新"国际展览中心"，它的屋顶形式由高低错落的矩形形体组成，并且强调直线线条特有的硬朗、率直的美感（图6-47）。

2. 以自然形态的二维曲线或三维曲面为特色的屋顶轮廓形式

通过"师法自然"以优美的二维曲线或三维曲面如波浪线、抛物线等来作为屋顶轮廓的形式，不仅为会展建筑勾勒出优雅、柔和的屋顶轮廓，同时还美化了城市的天际线。例如米兰贸易展览中心，它的展厅屋顶轮廓大体为同一水平面上的直线，为了打破这种平直的轮廓线，建筑师创作了一片跌宕起伏、有如行云流水般的三维立体玻璃屋面，并将其覆盖在展厅之间长达1300米的中央通道上，这片形同"面纱"一般的玻璃屋顶，既轻盈又充满形式美感；汉诺威会展中心则通过展厅单元的曲面屋顶排列，形成曲线形的韵律（图6-48）。

3. 以复杂的"形体"为特色的屋顶轮廓形式

相对于前两者而言，由复杂的"形体"塑造出的屋顶轮廓形象更为突出、

图6-49　南宁国际会展中心屋顶

耀眼，这类形式语言的产生往往由独特的环境特征所激发，因而其意义所指也
更具有地域特性。例如我国南宁国际会展中心，它屹立于一座小山之上，其首
部为圆形多功能大厅，大厅的屋顶形式采用了仿生学设计手法，以乳白色的膜
材料塑造出形似花朵的三维形体，寓意一朵正在怒放的朱槿花，因而显现出了
贴近于自然的形式美感。这种独具魅力的屋顶轮廓形式完全突破了从前会展建
筑仅在水平向度上延伸的模式，以独特的形态和象征意义诠释了当代会展建筑
在局部形式上向高空迈进的可能性（图6-49）。

四、建筑立面

当代会展建筑的立面从高度、长度、宽度以及细节处理等方面塑造人们的
视觉感受，影响人们对于建筑表情的解读。会展建筑的立面设计可以从以下几
方面考虑其形式特色表达。

1.整体和统一

会展建筑尺度庞大，大多位于快速干道旁，其立面形式不仅要照顾到其使
用者和近处观察者的审美习惯，避免给他们造成尺度上的压迫感，同时还应当
从建筑物的形式美以及远距离视角、快车道行驶的观感等出发考虑，使会展建
筑在风格、色彩、材质搭配、符号元素等形式表达的要素方面保持与其规模、
体量相匹配的整体感与统一感，避免过于琐碎、凌乱。在当代建筑新技术的支
撑下，会展建筑立面创作还可将立面与屋顶面融为一体，消解传统建筑中屋顶
与墙体的区分，形成更具整体感的一体化形态，充分展现高技美学特色。如广

图6-50　广州国际会展中心立面

图6-51　汉诺威会展中心立面局部

州国际会展中心基地南、北两侧为城市快速干道，规划要求建筑后退用地红线
较多。设计者从两旁道路上汽车驾驶者的视角出发，赋予整座建筑一气呵成的
体量感和尺度感（图6-50）。

2. 适宜尺度

会展建筑的立面设计应当与城市环境尺度和人的尺度相协调。其立面形式
在寻求统一与整体感的前提下，立面细部的处理应当以周边房屋的体量、人的
尺度作为参考依据，尽量减小其庞大体量对环境、对人所产生的压迫感。

（1）"化整为零"

可根据其空间布局特点设计展厅单元，以"化整为零"的手法，减小建筑
对周边环境的压迫、对人的视觉冲击，同时在各单元体立面上营造精致、细腻
的形式美感，将建筑的雄伟恢宏与细腻近人的特性融为一体。如汉诺威会展中
心8号、9号展厅利用大跨结构将建筑的主立面分割成多个完全相同并且相互
连接的单元立面，各单元细部设计精细，造型精美，连在一起形成连绵起伏的
气势（图6-51）。

（2）虚实拓扑

并列式布局的会展建筑，其各个展厅单元体与展厅之间的室外场地可形成
虚实相间、拓扑互补的关系，在立面上呈现出韵律变化和趣味性。如上海新国
际博览中心用波浪形的屋盖将实体建筑与虚空间串连在一起，有如上下起伏的
水波，隐喻着这座建筑与黄浦江之间的某种关联性（图6-52）。

（3）形态变异

通过立面的转折和曲线变形打破大尺度线性立面的单调感。如里斯本会展

图 6-52　上海新国际博览中心立面

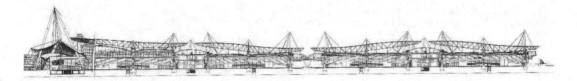

图 6-53　里斯本会展中心纵剖立面

中心在展厅一侧设计折线形柱廊，整个屋顶为细长的波浪形，圆柱形交通廊道采用钢缆悬吊在斜桅杆上。展厅屋顶采用钢桁架，以钢立柱支撑，精心的设计使建筑立面鲜明而又充满活力（图 6-53）。

第七节　会展建筑的公共安全保障体系

当代会展活动应具备预防和应对各种重大事件、事故和灾害的公共安全保障体系。会展建筑作为会展活动的载体，由于短时期内汇集了大量的人员和财物，必然存在发生恶性危机事件、导致人员生命财产安全蒙受巨大损失的潜在威胁。因此，当代会展建筑必须加强防灾设施的配备和应急管理机制的制定，将保障公共安全作为一项十分重要的工作来加以规划与落实，并建立一个有效、可靠的公共安全保障体系，以保护参展人员、展品、建筑物及其设备设施免于受危害或侵袭。

一、公共安全保障体系的组成架构

当代会展建筑的公共安全保障体系可分为以下两个层面。第一层面是会展建筑自身必须建构一套行之有效的公共安全保障机制；第二层面则是会展建筑所在的城市必须构建一套科学、完备、专门针对展会公共安全的辅助性保障机制，在危机发生时刻以及平常时期都能够给予会展建筑以强有力的支援。

1.会展建筑公共安全保障机制的建构

（1）对会展中心的设计、建造进行严格的监督检验，确保建筑安全质量，杜绝安全隐患，同时加强平时对场馆设施的安全检查和维护工作。防止坍塌、火灾等安全隐患。

（2）对展览、会议活动中涉及公共安全的内容制定出严格详细的规定。如参展期间，严禁在展厅的安全通道范围内布展；禁止采用易诱发火灾的材料装修展台；严格控制展厅内的人员密度，保证任意一处展区内的人均建筑面积均不得低于每人2平方米的极限标准等。

（3）采用智能信息化管理与控制系统，对各主要场所进行24小时智能化控制，对会展活动的交通流线加以组织引导，利用消防控制室对可能的火灾隐患进行严密监视和控制。

（4）为会展中心配备现代化的安全检查、防护硬件设施。如借助X光监测仪、行包通道检测设备对与会人士进行安检，对进出展馆的大型车辆进行安全检查等。

（5）会展中心内必须建立常设的公共安全保障机构与人员、设备，如医务室（救护站）、派出所（警务站），以应对各类突发性的小型危机事件。

（6）会展中心应制定出可靠的突发事件应急预案，以便处置可能发生的危机事件或灾害，将损失尽可能减小到最低限度。

2.城市辅助性公共安全保障机制的构建

在展会举办期间，面对重大的突发事件，仅仅依靠会展中心自身的力量，常常无法圆满解决危机。此时，城市为会展建筑制定的协助和支援保障机制就会发挥出关键性的作用。它们表现在：在展会期间，针对重大自然灾害，城市应灾系统应当及时向会展中心通报，以预防危机的发生或将危机的破坏降至最低；为了对火灾进行及时的扑救，城市需要安排一定的消防力量和设施随时在展会现场候命；而应对重大国际、国内展会活动的安全保障问题，会展中心必须依赖城市相关部门为其提供足够的警力、消防力量，以保障与会人员的人身安全；对于大型展会可能涉及的公共卫生健康问题，城市医疗系统必须派人员赴展会现场值守；而突发性的电力中断更加有赖于城市供电部门的紧急处理措施。

为了防患于未然，城市需要建立预防机制和处理危机事件的法律法规体系，对会展中心举办展览、会议等大型公共活动的多方面加以规范和约束，从宏观层面防止会展中心内产生具有潜在危险的行动；此外，城市相关管理部门还应当对展览场馆设施进行定期、严格的综合检查，以确保这些设施的安全性。

二、消防疏散设计

消防疏散设计是会展中心公共安全保障体系工作中最为重要的一个环节。在平常状态下，自然因素、人为因素都有可能诱发火灾隐患。鉴于此，当代会展建筑必须加强消防疏散设计的科学合理性。

基于会展建筑消防疏散的特殊性，当代会建筑的防火设计需要从如下两个层面展开：其一，针对会展中心内常规意义的建筑空间（如办公、小型会议室、餐厅），必须严格遵照现行防火规范要求进行设计；其二，对会展建筑中超越防火规范要求，需要特殊处理的空间（展厅、中央大厅、大会议厅），必须进行独立、特殊的消防设计。上述二者缺一不可，互为补充，共同构成当代会展建筑内部完整、有效的消防疏散保障体系。

1. 常规消防疏散设计

会展建筑中机电设备房门均采用甲级防火门；房间的装修材料尽可能都采用不燃、难燃材料；在净空较低的功能性用房设置自动烟感器和喷淋装置；保证各功能用房可以多方向疏散，严格执行消防疏散距离的规定；对于建筑规模没有特殊规定且空间较低的室内场所（如地下停车库、办公区），按照规范所限定分区面积进行设计。

2. "性能化"消防疏散设计及安全通道设置

会展建筑的空间大、使用要求特殊，在许多方面，现行的建筑设计防火规范中还没有适合的条款规定。因此，会展中心的消防设计适合采用"性能化消防设计"，即立足于会展建筑本身特点，结合规范规定，经过消防测试论证，从而得到最优化方案。"性能化"消防疏散设计方法的应用步骤包括：首先建立消防设计的安全目标以及达到目标应满足的各项性能指标；再依据建筑结构、用途、可燃物的性质和分布等具体细节，对火灾的危害性、建筑物内各种消防设施的整体效能进行定量分析评估；最后得出一项安全、经济、合理的综合消防设计方案。

（1）消防车道

一般在场地内沿建筑四周设环绕消防车道，此车道平时作为内部交通道路和布展车道。根据相关防火规范规定，当建筑物的沿街部分长度超过150米或总长度超过220米时，均应设置穿过建筑物的消防车道，因此长度超过限制的会展建筑应在适当位置设穿行建筑的消防通道。为保持展厅内部使用空间的完整性，可将展厅设计为可供消防车穿行的进入方式。单层式展厅，消防车可采用进入式救火方式扑救火灾。双层式展厅应建立立体式救火，火灾发生时，消防抢险车辆应可以到达二层展厅进行扑救。

（2）防火分区

大型会展中心单个展厅的建筑面积一般大于5000平方米，多在8000~10000平方米，按规定至少应划分为2个防火分区。但展厅因使用要求，需要空间开阔通透，展厅内不能设置防火墙，而多道防火卷帘安装在这样的高大空间内，安装和运行都很困难。因此对于超越规范的大空间进行性能化的防火分区设计，多采用"性能化"消防设计，保证大空间在正常使用的同时，符合消防疏散的各项要求。

"性能化"消防设计将烟气对人员的危害作为重点关注对象，将会展建筑内大空间的上部区域视作一个庞大的蓄烟区，它具有延缓烟气下降至人员正常活动范围（2.1米以下空间）的功效，从而为人员逃生争取宝贵的时间；同时，"性能化"消防设计还设想通过加强蓄烟区的自然排烟与人工排烟，以减弱空间中的烟气浓度与热辐射，来进一步强化对人员安全的保护；由于相关的规范规定展厅内各展台之间必须严格预留4~6米左右的疏散通道，因此在理论上它可以有效防止热辐射、对流热造成火势的进一步蔓延。

在建立上述理论推断的基础上，"性能化"消防设计将借助计算机火灾模拟仿真系统，对各个大空间进行消防疏散设计，并由会展中心建设单位组织有关专家和消防研究机构对设计成果加以试验论证和评估，以最终确定设计方案是否合理。

（3）安全疏散

在性能化消防设计中，大空间内人员的安全疏散设计与该空间防火分区大小、火灾烟气的蔓延速度有着密切的关联。

①疏散设计方法

火灾烟气的分析主要借助计算机模型加以模拟，而人员疏散的分析则既可以利用计算机模型加以分析，也可以采用手工计算的方式来估测。计算机模拟试验首先将一个防火分区内的疏散口总宽度、空间高度、疏散距离、人员数量、人员逃生速度作为基础数据输入计算机火灾模拟软件内，然后演示有毒烟气影响人员安全疏散的整个过程，通过验算人们在火灾发生的初期是否能够获取充足的疏散逃生时间，就可以判定出防火分区、疏散口的设计合理与否，如果不合理，将对其进行调整和改善。

常用的改善措施包括：增加疏散口的总体宽度，并保证它们分布均匀、合理；利用"艳钾"防火玻璃外加防火隔断（如防火卷闸）将展厅、中央大厅等大空间分割为若干个防火分区，这种隔断在平时可以收起，着火时再闭合，因而既满足了防火需要，同时又保证了空间的完整性。

②"准安全区域"的设置

对于平面采用整体式布局的会展建筑而言，由于每个防火分区的所有疏散口并不能做到百分之百完全朝向室外安全地带，因而在计算人员疏散逃生时间之前，需要先在建筑内部为这类疏散口设置一个"准安全区域"（它特指人们在逃生疏散时所穿越的相对安全的区域，这些区域大都经过了防火加强设计，在耐火性能上优于一般建筑空间。例如展厅之间能够安全通往室外的通道或过厅，室内专用疏散通道，位于室外的建筑廊道、平台等空间），然后再以此作为模拟试验的依据，计算人员逃生至室外或者抵达"准安全区域"后，再逃生到室外安全区域所耗费的时间，从而验证该防火分区的"性能化"设计是否符合疏散时间的规定。

（4）灭火设备

①消火栓系统：宜设置在门厅、休息厅、展览厅的主要出入口、疏散走道、楼梯间附近等明显且易于操作的部位。

②自动喷水灭火系统：展厅夹层、服务用房等空间相对低矮，自动喷水灭火系统可满足要求；对于净空 8～12 米的空间，为了保证灭火效果，可选用大水滴喷淋系统，其较普通型洒水喷头流量大，水滴直径大，感应动作快，保护

高度较高。

③自动消防水炮灭火系统：室内最大净空高度大于 12 米的展厅、多功能厅等人员密集场所，宜采用带雾化功能的自动消防水炮灭火系统，与火灾探测器联动，具有定位准确、灭火效率高、保护面积大、响应速度快，场地任一点有两股水柱到达、灭火后能自动停水，如有复燃系统可重复开启等特点。

（5）火灾自动报警系统与消防联控系统

火灾自动报警和消防联控系统在火灾初期通过温感、烟感和光感等火灾探测器变成电信号，传输到火灾报警控制器，并同时显示火灾发生的部位，记录火灾发生的时间。一般火灾自动报警系统和自动喷水灭火系统、自动消防水炮灭火系统、室内消火栓系统、防排烟系统、通风系统、空调系统、防火门、防火卷帘、挡烟垂壁等相关设备联动，自动或手动发出指令后启动相应的防火灭火装置，并连同广播和疏散引导系统有效地控制火场。

本章图片来源

图 6-1　尼可劳斯·格茨：南宁国际会展中心与深圳会展中心 [J]，时代建筑，2004 年第 4 期，第 96-101 页。

图 6-2　Thomas Herzog：2000 年德国汉诺威世博会 26 号展厅，城市环境设计，2016 年第 3 期。

图 6-3　靳建华：大气纵横、细节精致——浅析苏州国际博览中心建筑设计 [J]，江苏建筑，2008 年第 4 期，第 1-3 页。

图 6-4~ 图 6-6，图 6-10~ 图 6-16，图 6-18~ 图 6-21，图 6-24，图 6-25，图 6-27　自绘

图 6-9，图 6-17，图 6-28，图 6-29~ 图 6-39，图 6-44，图 6-45，图 6-48，图 6-51，图 6-53　[德] 克莱门斯·库施：会展建筑设计与建造手册 [M]，秉义译，武汉：华中科技大学出版社，2014。

图 6-22，图 6-23，图 6-26，图 6-40，图 6-41　弗雷德·劳森：会议与展示设施：规划、设计和管理 [M]，大连理工大学出版社，2003。

图 6-42　http://m.sohu.com/a/70612715_410067

图 6-43　http://blog.sina.com.cn/s/blog_14cb0f2ba0102wp1m.html

图6-46　刘河:新南威尔士达灵港悉尼展览中心 [J],建筑创作,2001年第4期,第36-37页。

图6-47　刘明骏:北京中国国际展览中心新馆 [J],建筑创作,2009年第3期,第18-49页。

图6-49　蒋伯宁、周叱:南宁国际会展中心 [J],新建筑,2006年第5期第31-35页。

图6-51　王昕:上海新国际博览中心——一种清晰、简洁、高效的展览建筑模式,时代建筑,2004年第4期。

第七章

会展建筑内外
环境艺术设计

　　会展建筑的内外空间是由一系列的大小不等、功能不同的空间组合而成，而且这些空间充满着人流和信息流的转换，所以，会展建筑内外环境设计必须尊重系列流动空间的组合效果及其观众参观过程的联动效应、心理效应等，使设计方案符合展示现场实际，最终达到展示目的。

第一节　会展建筑内部空间环境设计

一、门厅及休息厅空间设计

　　门厅和休息厅是观众进入展馆的必经之地，也是重要的过渡空间。门厅室内设计需和展陈的内容风格保持一致，可选用具体的或抽象的设计手法，将相关设计素材进行艺术处理，利用尺度、对比、暗示等方法对参观者进行暗示和引导，以达到先入为主的目的，有利于接下来的参观体验（图7-1）。

　　门厅可设单独的休息区，在人流密集的场所，单独设置的休息厅功能单一，可避免干扰。还可设置开放的休息区，利用合适的角落及空余空间，摆设休息座椅，形成人性化的使用方便、氛围轻松的休息空间（图7-2）。

二、展馆空间的控制要素

　　展览场馆空间设计的组成要素主要包括形态要素、材料要素、色彩要素以

图7-1　入口大厅

图7-2　自由设置的休息区

及道具要素。有效控制各设计要素，可以调动形、光、色、质等物质手段，营造理想的空间视觉效果，创造具有一定情调意境、地域特征和时代气息的空间环境。

1. 空间形态要素

展览场馆是由场馆建筑限定并呈现一定形态的建筑单元，其内部空间从两个方向呈现出不同的几何形态，一个是水平剖面方向，另一个是垂直剖面方向。一般情况下，依据建筑限定的原有剖面形态来决定展览场馆空间的整体形态是较为适宜的，因为这种模式容易使空间与建筑结构和设备达到理想的配合，但空间审美的个性化特点往往会减弱。也可以采用与原有建筑空间形态完全不同的样式，可能会创造出不同凡响的空间形象，但需要慎重考虑构造与设备条件是否允许，对使用面积的影响、拟采用的样式是否能与原有形态的比例尺度相配等。

展览场馆空间涉及的形状面有围合空间的面——天棚、围护面、地面以及它们之间相互组合所形成的形状，空间围护上的洞的形状，一个空间与另一个空间之间划分构件的形状，除此之外，空间道具的形式对空间气氛的影响也很大（图7-3～图7-5）。

空间构件对整个展览场馆形态的影响是十分明显的，尤其是建筑构件暴露于空间时更加明显。从目前建筑发展的趋势来看，工厂化装配式构件的建筑只会越来越多。由于机械加工的构件本身就经过设计，外形美观且工艺精巧，一般可以充当展览场馆空间特定的装饰物，没有必要再进行额外的装修，除非其比例与场馆内的氛围不相符。从场馆的整体需求出发，加装构件的基本要求应当是空间形象的美观，即加装构件之后空间的视觉效果将会更佳（图7-6）。

图 7-3　顶棚、围护面、地面所
　　　　形成的展厅空间

图 7-4　支撑构件划分的展厅空间

图 7-5　展具围合的展厅空间

图7-6 加装构件划分的展厅空间

2.材料要素

在展览场馆设计中，应当根据场馆特有的主题来选择材料，以便用最简约的方式实现场馆的艺术化。不同民族和地区的展览场馆，由于各自所处的自然、地理环境和经济条件以及当地工艺技术的不同，因而在构筑展览场馆时所用的材料也是五花八门。展览场馆空间的材料，应当就地取材，使用丰富的自然材料和地方传统工艺手段加工，发挥当地工艺条件的优势，以降低成本和造价，增加亲切感。在设计过程中，应该把现代材料、工艺和特定的环境要求结合起来，把地方材料和传统工艺与现代加工手段结合起来，赋予传统工艺以现代意识，在现代加工技术手段中融入传统工艺的创造价值，使展览场馆空间设计更具有生命力。

展览场馆所用的材料，有粗糙与光滑、软与硬、冷与暖之别，设计师必须掌握其特性，才能作适当的选择。

（1）装饰布

装饰布在展览场馆空间中被大量采用，五彩缤纷、图案各异，能营造出活跃的空间气氛。装饰布除了有艳丽的外表之外，还具有运输体积小、装饰效果易于见效、价廉物美等优点。

（2）墙面材料

墙面材料主要有透光透明、透光不透明、不透光不透明等多种材料可供选择。透光透明的材料主要有各种彩色玻璃、有机玻璃；透光不透明的材料主要有磨砂玻璃及雾面有机玻璃等；不透光不透明的材料主要有各种软质PVC板、有机合成板等。

（3）地面材料

地面材料对展览场馆空间色调的影响比较大。常用的地面材料有复合板、地毯、装饰布等，其中地毯选用的概率最大，装饰布选用的概率最小。地毯因踏上"脚感"比较舒适，铺设与拆卸方便、色彩纹理比较丰富而广受参展商的青睐。如果展厅面积不大，展出的又是高档饰品或艺术品，应选择高档豪华的地毯，以显示参展商的实力与形象。

（4）贴面材料

贴面材料因其较好的审美效果和低廉的成本而受到设计师的重视，常被用来营造展览场馆空间的特定气氛。临时性场馆为了拆卸方便，不必使用昂贵的建材，而采用以假乱真的贴面材料同样能达到理想的效果。贴面材料有纸质的，如带图案的墙纸，各种色彩绚丽、内容丰富的装饰布等。

（5）悬挂装饰

在场馆展位的上空往往悬挂参展单位的标志、广告语或相关的艺术造型，这些悬挂装饰物都是聚光灯的聚集点，因而形象突出、引人注目，能达到良好的传播信息的效果。高空悬挂装饰既是对展位、展厅内容的提升，也是展览场馆空间的"画龙点睛"之笔。高空悬挂物要轻质而硬挺，平整光洁，不能出现褶皱，制作要精良。

（6）灯箱

灯箱的饰面材料一般采用灯箱布或有机玻璃。灯箱布柔软、可塑性强，上面可喷绘各种彩色图形和文字，也便于拆装，适合制作大型灯箱。随着科技的发展和各种新型建筑材料、装饰材料的陆续涌现，展览场馆空间需要不断发现和挖掘出新的装饰材料，及时选用富有科技含量的新产品、新饰品来美化展览场馆空间设计。

3.色彩要素

当人们置身于展览场馆内，感受最强的往往是色彩，它影响和感染人的情趣，进而使人产生联想。因此，设计师要善于运用色彩营造特定的空间氛围。展览场馆空间环境，可利用地面（地板、地毯）、顶棚等色调，加上灯光作用，营造一种宜人的氛围，并按照各个划分区位的不同功能来分别处理。在大多数情况下，展览场馆区的色彩氛围明亮、热烈而开阔，休息区、洽谈区等则以中性色或淡冷暖色为主。

（1）空间配色

典型场馆的空间配色，以色彩系列为宜。色彩系列主要有暖色系列、冷色系列、亮色系列、暗色系列、艳色系列、朦胧色系列等。展览场馆空间的色彩基调，要根据展览场馆的主题和展出季节来确定。例如历史性题材的展览场馆，空间色彩基调应以厚重、沉稳的低调为主，以反映历史变迁的沧桑、传统文化的凝重；展销性质的场馆空间，应处理成贴近生活的活跃的高色调，以刺激参观者的消费欲望，促进场内交易；一般商业性展览场馆活动，大多采用中性、柔和、灰色调，易于取得色彩上的和谐，以突出展品。另外，还要考虑展览活动的季节因素如寒暑、温差，色彩基调要有所偏重。冬季室外寒冷，整个展览场馆内的色彩应以暖色调为主，给人以温暖感，与人的心理需求相吻合；而夏季户外温度很高，空间应以冷色调为主，给人以恬静、凉爽之感。

（2）展览标志色

展览场馆的专用色应根据展览性质和标志来确定。一般而言，展览标志的标准色即为展览专用色。每个展览都有自己的标志性标准色，展览场馆空间的色彩应该充分运用展览专用色，包括墙面海报、悬挂旗帜、指示标牌等，让参观者进入展馆时即对展览标志色有充分的视觉接触，从而对展览标志形成深度记忆，有利于展览品牌效应的形成，以及展览场馆内色彩的和谐统一。

（3）展区色彩设计

展览场馆的各个展区要根据展品性质、目标对象，采用有别于其他展区的空间色彩，以突出个性和针对性。展览场馆内的展位空间的色彩，首先要体现空间个性，也就是要体现展览的产品、品牌、特色，与周围展位形成对比而不被"淹没"，从而突出本展位，吸引参观者到展位参观。

各展区之间的色彩既要有统一性又要有个性的变化，彼此之间应体现一种顺承、渐变的色彩关系，使之富有韵律节奏感。从整个展览场馆的大范围来看，色调应是和谐统一的，而各展区又形成一种更符合本展区展品性质的色调，与其他展区色调有一定的区别。

（4）色彩烘托设计

展位空间的色彩，还要突出展品。展品与版面、展览道具之间产生的色彩差异是通过对比、烘托而体现出来的。版面是介于展品和环境之间的中间介质，在一般的展览场馆中，版面常设计为图片、文字、背景色彩等平面内容。版面的色彩主要有底色、图片色彩、文字色彩等，它不仅能协调场内色调，而且还有传递展览场馆信息的作用。版面的色彩不宜过多，要形成一个较为明显的体系。可以运用色彩的三大属性（色相、明度、纯度）来达到这一目的：用色相差异较小的同类色、近似色，形成色彩体系的完整性；用不同的色相（必须降低彼此的明度和纯度），使视觉有一个平和过渡的舒适效果；运用版面上的文字和图片做调和剂，减弱色彩的对比关系。就一般展览而言，白色和淡色系列常被作为版面色，这些色彩的简约、明快效果使展品更加突出、醒目。

展览道具（展台、展柜、展架等）对突出展品也有一定的作用，淡雅、无色系列的背景，能自然地突出展品。展览道具的色彩一般要求淡雅、单纯，油漆色以中度色性为宜，金属则最好加以亚光处理。

4.展具要素

展览场馆空间的道具，一般指展览场馆用具，包括展台、展板、展架和其他器物。道具的造型、比例、尺度、色彩、构图、材料等多方面的因素，将影响展览场馆空间的形象。

（1）展架

展架是作为吊挂、承托展板或拼联组成展台、展柜及其他形式的支撑骨架器械，也可以作为直接构成隔断、顶棚及其他复杂的立体造型的器械，是展览场馆活动中用途最广的道具之一。利用拆装式的展架体系，不仅可以方便地搭成屏风、展墙、格架、摊位、展间以及装饰性的吊顶等，而且可以构成展台、展柜及各种立体的空间造型。系列式展架的设计或选用，应该质轻、刚度强，拆装方便，构件的公差配合要精度高，管件规格的变化要按一定的模数进行。可拆装的组合式展架，通常是由一定断面形状和长度的管件及各种联结件所组成，可以根据需要组合成展台、展柜、展墙、隔断等，在展架上可以加装展板、裙板或玻璃，也可以加装导轨射灯或夹装射灯以及其他护栏等设施（图7-7）。

（2）展柜

展柜是保护和突出重要展品的道具（图7-8）。展柜通常有立柜（靠墙陈设）、中心立柜（四面玻璃的中心柜）和桌柜（书桌式的平柜，上部附有水平或有坡度的玻璃罩）、布景箱等。常用的装配式高立柜和中心立柜，垂直与水平构件上有槽沟，可插玻璃，也有的用弹簧钢卡夹装玻璃。中心立柜如果放置在展厅中央，四周都需要装玻璃；如果放置在墙边，靠墙的一边只装背板，不需安装玻璃。有的高立柜的顶部还可以装照明灯。桌柜通常有平面柜和斜面柜两种，斜面又有单斜面和双斜面之分；单斜面通常靠墙放置，双斜面则放置在展厅中央。

（3）展台

展台是承托展品实物、模型、沙盘和其他装饰物的用具，是突出展品的重要设施之一（图7-9）。大型的实物展台除了用组合式的展架构成之外，还可以用标准化的小展台组合而成。小型的展台多为简洁的几何形态，如方柱体、长方体、圆柱体等。一般来说，较大的展品应该用低一些的展台，小型的展品

图 7-7　展架

图 7-8　展柜

则应该用高一些的展台。此外，还有一些特大型的展台，需根据具体情况特殊设计。

　　如今，观众的直接参与变成一个新的倾向，许多著名的展览会、博览会往往开设一些请观众直接参与的项目，机动旋转展台也逐渐成为观众与展品互动的一个媒介。在陈列汽车类大型展品的展览场馆中，常常使用旋转展台、观众可以在一个固定的位置，以不同的角度观看展品，多方位地品评展品。旋转展台可大可小，除部分较小型的标准化展台外，大多需要根据具体的展品设计制作。

　　（4）展板

　　展板可以与标准化的系列道具配合设计，也可以按展览场馆空间的具体尺寸而专门设计制作。展板的设计和制作应该遵循标准化、规格化的原则，大小的变化要按照一定的模数关系，兼顾材料和纸张的尺寸，以便降低成本，方便布展，同时也方便运输和贮存。另外，还必须考虑展板本身的强度和平整度，展板内层的骨架须有一定的强度，同时又不宜太厚，以免影响外观。屏风、帷幕和广告牌等，是可用以分隔展览场馆空间、悬挂实物展品、张贴文字以及分散人流等的屏障物，也被视为展板类道具的一种（图 7-10）。

三、展示空间设计

1. 区域划分和空间配置

　　区域划分主要是指展示空间中不同要求的区域的具体面积和位置的分配。

图7-9 展台

图7-10 展板

一般来说，考虑的因素主要是空间之间的面积比例关系，如布展空间和工作区、通道、休息场所等空间的比例关系。

展示空间有很多功能性区域，如展示区、演示区、洽谈区、储藏区、通道、休息区等。所有功能区域的划分要考虑场地环境、流通情况以及与相邻展区的关系等因素。在展示空间布局的基础上，根据各个功能区域的重要程度，确定不同地段的展示次序。面向观众的"展示区"一定是放在最醒目的位置，但同时要考虑参观流程和工作流程中人流和物流的畅通，确保参展内容观看顺序的连贯性（图7-9、图7-10）。

展示面积与流通面积（通道和休息区）的比例关系根据展览性质、展示内容和观众人数等因素的差异有所不同。一般来说，通道面积是展示面积的3倍左右。具体说，观赏性的美术展，其通道和休息面积是展示面积的4倍左右；专业贸易型展览的展示面积与通道和休息面积的比例约为1:1~1:2。在展示空间中有大型展品或巨幅挂件时，通道和休息的面积则要小一点。而且通道和休息区的面积布置可以有些变化，有张有弛，从而缓解人们的参观疲劳。

2. 流线安排

对展示空间的经营与规划，设计师必须全面掌握参展单位、展示主题以及展品的性质等情况，从而获得经营位置和展示形式的准确信息，以便进行定位设计，然后选配合适的空间设计方法（图7-11、图7-12）。

（1）按空间的组合形式

①大中套小，指的是大空间中套小空间的展示设计方法。这种空间形式所传达的信息应同属一类主题，因在大小空间中展品的陈列有主次与局部之分，

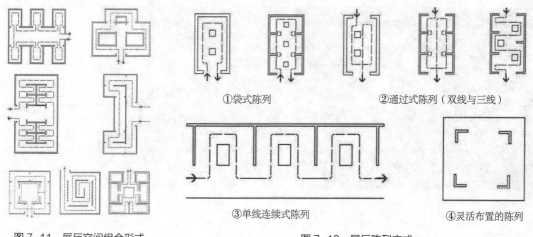

图 7-11　展厅空间组合形式

①袋式陈列　　②通过式陈列（双线与三线）

③单线连续式陈列　　④灵活布置的陈列

图 7-12　展厅陈列方式

通常小的展品更典型、更精致。

②空间互为重叠，指两个以上的展出空间部分互相交叠的空间设计方法。这要求大部分展示内容相关，有共通之处。

③空间相邻接，指空间紧紧相连，但有明确的空间分隔界限，这种设计方法，一般适用于比较性的展示。如同类产品，但品牌特色不一。

④空间共通连续，指展示内容在多个空间中无明确关系，但又不宜造成过于明显的场地界限时，可在空间与空间之间形成一种柔性的过渡形式，以达到空间信息转换的目的。

⑤空间分隔，指展示内容可相对独立，采用空间各自分离的空间设计方法，此方法可起到强化不同主题的作用。

（2）按空间的围合方式

①全开放式，其展示空间一般以轴心式向四周扩散形成展示岛，参观者可以围绕成一圈观看，或者围着展具走一圈，边走边看。

②半开放式，一般通过镂空的形式作分隔，既把展区分隔开来，又不妨碍参观者的观察与通行；或者做成扇形，突出弧形部分面向观众，在扇形的两面悬挂展品。

③封闭式，多用于面积较小的空间，这一类的空间形式多用于精密仪器、精巧艺术品等的展示。封闭式也不一定全封闭，以防阻碍交通，并便于进出的观者通行。

3.尺度控制

在展示空间中，人的最基本行为是观看、行走、交谈和操作。这些行为对应的空间尺度并非孤立存在，而是会出现交叉。所以会展建筑室内环境中的展示空间需要认真考虑人体工程学的运用。

人体工程学是一门以人为研究对象，同时涉及人、人造物、空间环境三者之间关系的科学。人体的测量尺寸分为动态测量和静态测量两种，在展示空间中包含着两种测量数据。静态尺寸测量中动作姿态包含立姿、坐姿、蹲姿、跪姿和卧姿 5 种基本姿态的测量数值；而动态测量是指人在执行各种动作时人体各部位的数值，以及完成这些动作所占用的空间尺寸。在展示空间中正确运用符合人机工程所采集的数值是发挥展示空间效能的基础（图 7-13）。

一般展示空间通道的宽度是按照经过的人流量来计算的。通道的单一通过宽度为 60 厘米，计算方式是普通人的肩宽加 12 厘米的空隙尺寸。主要通道宽应该允许 8 ~ 10 股人流通过，即 4.8 ~ 6.0 米，这也是大型博览会的主要通道宽度。次要通道宽则应以 4 ~ 6 股人流来计算，即要达到 2.4 ~ 3.6 米。假如是环形通道，宽度的确定则要看被环视的展品的高低和大小。当展品高大时，环形通道宜宽，比如 4 ~ 5 股人流（2.4 ~ 3.0 米）来计算；展品若矮小，环形通道宜窄，但最少也应按 3 股人流即 1.8 米来设计。展示空间中的最小安全通道不小于 1.8 米，最大通道宽度不小于 6 米，以展品为中心，确保展品安全的前提下，展品外围场地尺度不低于 2 米。

会展建筑室内环境中的展示空间主要分成展览和陈列。展厅的净高最低应大于或等于 4 米，过低会使观众压抑、憋闷。展厅有 8 米、10 米，乃至更

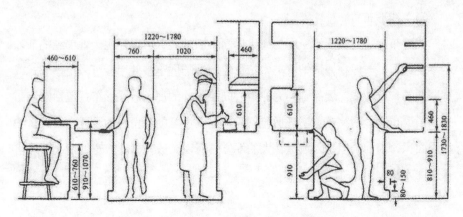

图 7-13　人体常见动作及其尺寸

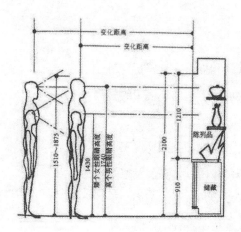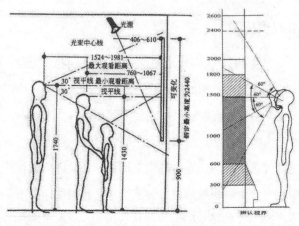

图 7-14　观者视角与展具尺寸关系示意

高，适合大型国际博览会的展示需要。展品与展具所占的面积，占展场地面的 40% 为宜，如果超过 60%，就会显得拥挤、堵塞。根据观众的标准身高尺度，展板和隔断墙的高度一般是 2.2～2.4 米。

商业展示区的陈列高度，因受观者视角的限制，从而产生了不同功能的垂直面区域范围。地面以上的 80～250 厘米，为最佳陈列视线范围。若按我国人体计测尺寸平均 168 厘米计算，视高约为 152 厘米，接近这一尺寸上下浮动值为 112～172 厘米，可视为黄金区域，若作重点陈列，尤其能引起观者注意。距地面 80 厘米以下可作为大型展品的陈列区域，如机械、服装模特等，可制作低矮展台进行衬托；距地面 250 厘米以上空间，可作为大型平面展台的陈列区域（图 7-14）。

4.展品布置

（1）线形布置

线形布置是沿着展示空间的周边界面不断延展，可以产生一种单纯的清晰的参观路线。一般在博物馆、美术馆及专题性的展览中使用，可采用串联式或并联式的参观动线。展品陈列为"中心向四周"的视角。线形布置包括贴墙布置、甬道布置、橱窗布置、环形布置等。需要注意的是甬道的设置占用大量的流通面积，因为甬道是人流量较大的地方，所以一般在甬道较宽的情况下才可采用此方法（图 7-15）。

（2）中心布置

重点展品与精品常采用四周可观看的中心陈列的方式进行布置，所以又称

図 7-15　线性布置　　　　　　図 7-16　中心布置　　　　　　图 7-17　散点布置

为"中心展台法"。一般展出场地的平面呈几何图形，如方形、圆形、三角形、多边形。参观动线为多条的交汇，构成形式可呈放射状、向心状，动线可曲可直。这种布置方法同样适合于比较大型的空间，使参观者能在短时间内从四周不同的角度参观展示的具体内容，并起到直接传达信息的作用（图 7-16）。

（3）散点布置

由多个或四个面观展体集合构成，采用特定的排列形式，或重复，或渐变，或对比，或协调，形成大小相同、穿插有致的平面空间，给人以活泼轻松的节奏感。散点布置实际是中心布置的延展，即在中心布置的基础上，将多个或多组可四周观看的展示内容分散布置在同一展厅里，展示的布置比较灵活多变，有利于创造展示空间轻松活泼的气氛（图 7-17）。

（4）网格布置

采用标准展具构成网状结构的展示空间，且空间分割按照一定的比例关系有序地排列组合，是经贸商业展常用的方法。网格布置在国际通用型的展示空间中是比较常见的一种做法，以标准的摊位形式出现，适合较大的展示空间，是很短期的行为。这种展示方式一般是标准化、通用化的组合道具。优点是能很快开展和撤展，也可以在规定的范围内进行个性设计（图 7-18）。

（5）混合布置

上列诸方法的综合运用，称为混合布置。一般的情况下，展览单独运用某一种类型进行布置的情况较少，多数是以一种类型为主，兼有其他类型的混合式的布置。

当采用上述各展示空间的设计方法时，先要估算各展示空间所需要的经营面积。根据展位在展场中的位置、周边的展场、通道、空中高度等情况，再根据展品的数量及分类要求、人流预期等诸多因素及摊位成本，最后确定经营面积总数。

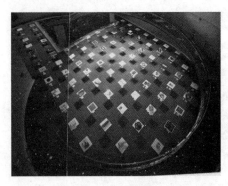

图 7-18 网格布置

对于标准化展位来说，常见规格有 3 米 ×3 米、2 米 ×5 米、2.5 米 ×4 米等，个性展位面积大小不一。展示设计要考虑空间的文化气息和氛围，以及带有演示观摩与研究学习的功能性质。

四、会议空间的设施设计

1. 会议的类型

（1）研讨会

主要是审议团体或社会、经济群体的总的正式会议，目的是提供特殊信息，在与会者中展开讨论并最终达成政策上的一致。通常在各个固定目的上的持续时间是有限的，但开会的频率是不定的。此类会议一般会提供大部分信息，围绕特殊的主题组织，常伴有展览会。

（2）发布会

发布会是由特定领域的专家在众多观众面前所作的小组讨论。发布会附属会议，发布会为专家、学者、顾问和工作在这一领域的其他人士提供了机会，他们可以通过这一机会来展示与其工作、服务相关的信息。发布会的展品可以设置在中央大厅、门厅、专用的展览会空间或独立的房间里。

2. 会展室内环境中会议室的设计要求

（1）小型会议室

小型会议室设计基本要求如下：

①自然光：窗户上安装可调节的百叶窗和自动的遮光屏风。在嘈杂的环境中，需要双层或三层的玻璃。有单独房间内开关的通风系统，有可控制的空间照明（300lx）。

②各区域间有良好的隔声设备，声音传递等级为 45～50 分贝或更高，需考虑房间内吸声的听觉平衡。

③没有强烈对比的中性色彩的装饰，构造平衡的淡色和铺地毯的地面。

④家具：通用的桌椅典型宽度为 1.5 米；装配部件有可伸缩的投影屏幕，可移动的白板和附加板材，轻便的图表架和便于移动的薄板。

⑤设备：电影和幻灯片的投影装置、等离子屏幕和控制器、投影电视都有

图 7-19　小型会议室

图 7-20　大型会议室

适当的支架和墙上的固定点。为了方便针对项目的管理，有些套房可能安有移动的电视系统和照相器材，在会议室间可能设有独立的摄影室（图 7-19）。

（2）中型会议室

中型会议室设计要求与小型会议室类似。中型会议室通常会得到最大限度的使用。

（3）大型会议室

大会议室或大厅相当于较大的会议中心的大舞厅，用于晚宴、商业午餐、特殊的典礼、招待会、说明会、产品推广会和大型团体会议。大多数会议中心有 2 间或 2 间以上可以容纳 200～300 人和 350～500 人的独立团体的大厅。为了满足召开 350～500 人的独立团体的会议要求，安装可自动伸缩的讲台和简易看台是适宜的。临时会议团体需要适于容纳 10～20 人的房间，做额外的办公室、董事会会议室、记者室和会客室。并在这些房间内装备优良、多采用计算机联网终端、电话、传真和电视记录。董事会会议室和会客室需要有噪声隔离、隐蔽性和安全性等高要求（图 7-20）。

第二节　会展建筑外部空间环境设计

当代会展建筑通过在室外构筑优美的绿化环境景致，不仅能够使之与城市建立起协调、顺应的发展关系，减少建筑体量、空旷场地、不雅设施给城市可能造成的各种负面作用，同时还能起到改善环境微气候、美化建筑与场地的重要作用。从人文角度来看，会展建筑的环境景观设计作为一种有效的生理与心理上的补偿手段，能够令参展人士回归到自然环境与日常生活尺度中，在视觉与心理上舒缓长时间、远距离参展之后的种种不良反应，同时这些优美的绿化景观与建筑小品还有利于改善场馆内部人员的日常工作环境，使其保持健康的身心状况。鉴于上述种种价值与作用，当代会展建筑的环境景观设计应达到丰富多彩、尺度适宜、易于动观近赏的境界。

一、风格定位及氛围营造

1. 场所精神的营造

特定的环境具有独特的场所记忆和文化体验，只有在设计中体现所在区域的独特性才能使观众产生认同感和归属感，即场所精神。会展建筑的外部环境设计首先需要对所在城市的景观风貌特征和历史文化进行解读，对基地周边环境的空间形态和区位进行分析研究，并深入考察场地所处的城市环境等。只有尊重场地原有的历史文化和自然格局，并以此为本底和背景，与新的景观环境功能和结构相结合，通过拆解、重组，融入新的景观空间之中，才能延续场所的文化特征。

（1）尊重场地肌理

场地肌理是环境在自然或人为干扰下长期演化积淀而成，它客观反映了自然的过程。尊重既有场地肌理可以突出景观特征，唤起对该区域独有的场所记忆。会展建筑外环境设计中的场地形态和边界、所运用的元素和材料都应注重区域现状和历史，使过去与现在、人工构筑和自然生成的景观并置，唤起使用者的共鸣。

（2）满足行为特征

场所概念强调物体或人对环境特定部分的占有和使用。设计师应该尊重使用者的行为需求，充分考虑其在场地中可能发生的活动，通过环境认同的心理，达到人与环境的情感共鸣。

2. 地域文化的表达

会展建筑的外环境设计宜充分表现地方文化特色和审美情趣，尽量选用当地的树木花卉，创造地方特色和现代风格相糅合的环境景致，从而与当地人们的审美习俗、文化传统形成共鸣，达到建筑、环境与人文的统一和谐。

在设计内容上，应该尽可能挖掘各种地域性景观元素的价值，例如利用小桥流水、花舟、草坪、旱喷、小品、地面铺装等元素来营造变化多端的景观，带给人们丰富多变的审美体验，从而达到步移景异的境界。

二、空间组织与形态设计

在会展建筑的中央大厅、室外庭院、展厅与展厅间的休息区、建筑门厅以及其他休息区域都应布置绿化和景观小品，以使环境设计最大限度地发挥其对人的调节作用。由于会展建筑复合化的功能布局与集约化的土地利用方式，其外部环境的空间组织主要解决以下几个方面的问题：辅助人车分流，形成立体化的空间布局；加强空间导向性，使之更好地为使用者服务；满足不同使用人群对于环境的不同需求，创造出多样化的空间形式。

空间形态的多样化有利于满足环境的多种功能，如交通、集会、休闲等；也有利于满足使用者不同的行为需求。多样化的空间环境，信息量大，具有更强的吸引力，有利于激起使用者参与的兴趣。空间形态的设计包括以下方面：

1. 空间的限定

会展建筑外环境的空间是由若干环境要素通过对环境的划分而确立的。限定空间的要素多种多样，可以利用台阶、下沉坡道、绿篱和建筑立面等进行空间划分（图7-21）；运用建筑和其他的围护面要素如绿篱、树丛等可以对空间进行围合；在一块平坦的场地上放置一些孤立的景观要素可以设立空间；还可以通过高差变化来限定或分割空间，并对人流进行分流。各种限定空间方式需配合使用才能创造出丰富和多样化的空间，为营造空间的层次渗透和序列提供必要的条件。

2. 空间的导向

会展中心场地尺度庞大，初次来展馆的普通观众和买家在大体量的建筑群中极易迷失方向，进而引起疲劳、焦虑等不良感受。除了必要的标识设计外，通过空间的导向形成空间的引导与暗示，可帮助行人在头脑中建立起对外部空间的认知。

图 7-21　法兰克福会展中心室外空间　　　　图 7-22　里米尼会展中心：室外标志

环境中的雕塑、小品、塔楼、地面铺装图案等都可成为空间焦点。在主要出入口处可设置标志性的高塔或构筑物，形成外部空间的焦点以及定位坐标。通常可利用线性空间的导向性，设计矩形的空间场所以及明确的轴线来指引方向，并在线型空间的尽端设标志物作为视觉焦点，加强透视感和导向性（图 7-22）。

3. 空间的渗透和层次

在会展建筑外部大尺度的环境设计中，通过在适宜的位置放置一些景物，在空间中形成若干层次，能使环境更为壮观与深远。另外，空间的互相渗透还能使环境景观得到极大的丰富，呈现出来的不再是单一的空间，而是一组形态、大小、明暗、动静各不相同的空间。

室外广场中的雕塑、喷泉、道路两旁的行道树都可以生成虚中有实的围护面，面的形态确定却不遮挡视线，可以创造丰富的空间层次。如建筑的架空底层，既能有效划分空间，又能使视线相互渗透。有的围护面完全以实体构成，但其上下或左右漏出一些空隙，虽然不能直接看到另一个空间，却暗示了另一个空间的存在，从而也会加深空间层次（图 7-23）。

4. 空间的序列

从城市公共环境到达会展建筑的入口广场，再进入展厅内，最终到达会展建筑馆内中心庭院，在这一过程中空间的领域变化显著，需要在每一个空间设计中充分体现空间的序列变化。可以通过宽高比（D/H）、地面材质的变化等呈现渐变的过程。

会展建筑的室外庭院设计还可通过空间形态的重复来增强空间的节奏感，或者通过空间的收放对比来突出主体空间，通过空间之间的对比、协调形成有序、连续、完整的整体形象，犹如一篇叙事，呈现出包括"开端－发展－高潮－尾声"的完整的变化脉络，使平淡的空间变得更生动、更具吸引力。

图 7-23　里米尼会展中心展厅之间的走廊

如米兰国际会展中心主轴线上的玻璃屋盖下方，为长达 1500 米的庭院空间，其间布置了形态各异的建筑、水体、雕塑、灯饰、座椅，形成空间变化丰富的景观走廊，避免了纵长漫步道的单调和机械感（图 7-24）；巴塞罗那会展中心的综合性扩建工程最为重要的部分就是修建了一条连接大道，这条大道高出地平面 7 米，它就像一条河蜿蜒穿过会展中心，将各个展厅彼此连接起来，走在路上的参观者将获得一系列空间体验，起到了丰富室外空间的作用（图 7-25）。

斯图加特新会展中心庭院则通过空间宽高比（D/H）的变化，使其空间的序列属于不同层次领域（图 7-26）：

（1）东主入口，空间是由绿色景观架空车库围合成的线型空间。D/H 值最小，空间狭窄，人在里面行走时封闭感强烈。

（2）入口广场，主要用于疏散人流，是典型的开放空间，与前一个空间对比，空间变化明显。

图 7-24　米兰国际会展中心：庭院空间

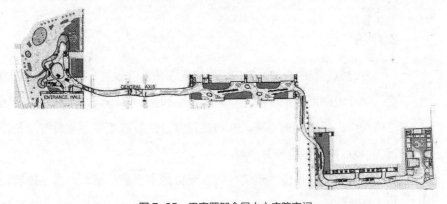

图 7-25　巴塞罗那会展中心庭院空间

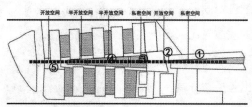

图7-26　斯图加特会展中心：庭院空间序列分析

（3）中庭空间，由各展厅围合起来形成的休憩中庭，比较小，由于墙壁的封闭性，具有私用空间的特征。

（4）罗萨斯公园，依然由各展厅的二层围合形成相对较开放的空间，随着空间体量的变化也在渐渐变小，但还是与先前较封闭的内庭院形成鲜明的对比。

（5）西出入口，室外是大型停车场，外部空间宽阔，*D/H* 值相当大，栽植少量树木。

三、外部空间界面要素设计

1. 道路

在会展建筑室外场地中，道路的铺装材料的选择和设计要保证满足货运卡车顺畅通行所需要的承重力要求，因此场地内主干道的路面材料通常使用沥青混凝土。其他次要支路及步行通道的承重要求相对较低，可利用一些新型的彩色路面材料，使路面设计更为丰富，不但在视觉上形成刺激，减弱长距离单调颜色的路面给人的疲劳感，而且在触感上更舒适。一般情况下，这些新型的路面材质都有很好的透水、排水性能，对于收集路面雨水等有很大的帮助。

2. 广场

为避免会展中心的集散广场为追求宏伟壮观效果而采用"大而无当"的尺度，以及由此而形成冷漠、单调、枯燥印象，从场地人行出入口广场到会展建筑入口门厅之间的距离，在满足正常退线要求下，不应设置过长，建议在150～200米范围内较为合适。

出入口广场是会展建筑与城市交接的重要景观节点，也是建筑外环境的起点，是整个外部空间形象的视觉中心。大型会展建筑主入口广场通常布置

图7-27　斯图加特会展中心入口广场　　　图7-28　斯图加特会展中心庭院

旗杆区（图7-27）。除此之外，还应通过景观小品、绿化设计等增加空间的丰富度，创造优美、舒适而充满自然气息的环境氛围，减轻人们在其间行走时的疲劳感。

3.庭院

　　会展建筑可利用其形体围合成的较封闭的庭院，在担当交通枢纽的同时，其本身还是一个公共活动的中心，可作为使用者休息、观景、户外交流的适宜场所（图7-28）。庭院空间中引入的自然元素，为建筑环境注入了健康与活力。通过对庭院的合理设计，可将其纳入自然采光核心，阳光由此渗入，通过反射、折射等技术手段达到建筑内部，形成良好的光环境，同时庭院也是自然通风的核心，在通风体系中起着"烟囱"的作用，引导气流的合理流动，创造舒适的环境。

4.绿地

　　在会展建筑的外环境中使用大量的绿色植被，不仅可以美化视野，还能够显著改善建筑外环境的微气候，如挡风、蔽日、降低外环境的热岛效应，以及为环境补充新鲜氧气等，还能够增加使用者对室外空间环境的满意度。通常可采用增加小面积绿化、扩大垂直绿化、开辟屋顶绿化等措施尽可能地增加绿地面积，使绿地率超过25%，满足使用者的生理和心理需求。

　　绿化配置应结合建筑物和室外场地的规划设计，塑造点状、线装、块状相结合的绿化景观。会展建筑外环境的绿化设计宜选取当地原生树种为主，且种类不宜过多。应注重植物的层次搭配和季相变化，营造具有丰富层次变化的景致。

图 7-29　柏林会展中心夏季公园

（1）道路绿化

会展建筑外环境的道路绿化一般包括路侧带、中间的分隔带、交叉口的绿岛等。路边行道树的设计不宜采用过多的品种。应尽可能保持整齐、规则、和谐一致，并注意不影响视距及行车视线等。对于道路绿化的植物设计应注重层次搭配和季相变化，通过加强道路两旁绿化景观让整条道路成为一条优雅的"景观走廊"。

（2）公园

国内外场地充裕的大型会展建筑，常会结合场地周边城市环境，设计一个或多个主题公园。公园是会展中心面积较大的公共空间，作为整个场地的环境景观的中心，能形成较好的景观效果。不仅为城市提供更多的绿色，也会为参展观众提供一个远离喧嚣、亲近自然、安静休息的场所（图 7-29）。

公园的选址首先应考虑其规模和位置，使之成为城市开放空间系统的一部分，为所有市民使用，最大化发挥城市开放空间的效益。其次公园的选址还应与建筑综合体内各功能子系统协调。

5. 水体

会展建筑入口广场和公园区，这些人们歇息和活动频繁的区域可设水面、喷泉等水景来吸引人群，增加空间活力并降低小范围内的温度与湿度。

在局部区域设置平静的水面，在水中形成清晰的倒影，可扩大空间感受，并使景观构图更为完美；在场地主轴线上的水景设计可以延伸视景，并使场所有更强的方位感；还可利用水面限定和划分场地，在自然分隔空间的同时保证视线的连续和通透；水景也可结合艺术小品并借助灯光、音乐等人工手段增强环境魅力，展现出令人激动的景观（图 7-30）。

四、设施小品设计

1. 标识系统设计

会展场馆标识系统是为了更好地组织交通、疏散人流、指引方向，外环境中的标识系统可通过图片、数字、字母等鲜明的形象清楚地表示各个建筑物和场地的性质及方位。可通过标识牌对会展中心类型繁多的功能设施给予说明，标明交通路线与功能方位，对城市各区域与会展建筑的交通连接加以详细说明。

图7-30 莱比锡会展中心水景

标识系统应该紧密结合会展建筑外环境的空间布局，有机地布置在交通转折点、交通枢纽设施、长距离线性空间的起始与结束点等一系列重要区域。此外，对标识系统的布置还包括空中悬挂、嵌入墙体、凸出墙面等多样、灵活的方式，完全融入室内外建筑、场地与环境当中。

2. 服务设施

（1）休息设施

休息设施以座凳、座椅和花架等为主。座椅大部分设置在会展建筑的庭院和公园内，一般设置在场地的边缘，以背靠树池、花坛或矮墙，面朝开阔地带为宜。会展建筑门厅外的入口广场是人流集中的区域，需要设置供人短暂休息的椅凳。休息设施的设计首先应考虑设施的利用率，合理设计座椅的数量；其次，考虑到使用者对遮阳庇荫的极大需求，通常设置在建筑阴影处或者结合树池等设计（图7-31）。

（2）室外避雨设施

举办会展期间，有大量的展会活动需要在室外开展，为了保证游客的室外交通活动能够顺利开展而不受天气条件的制约与影响，国外很多场馆在室外建造避雨设施。可在建筑物出入口与停车场和公交设施处设置专门的"风雨廊"，为人们的候车与步行活动创造全天候的庇护环境，对风雨廊的造型、色彩、材质加以精心设计，使其成为一种装置艺术品以点缀室外环境（图7-32）。

3. 室外公共艺术

公共艺术因其强烈的艺术表现力极易成为人们关注的焦点，也是空间环境中的重要构成要素，对整体景观起到画龙点睛的作用，这与会展建筑强烈的导向性与可识别性的要求不谋而合。巧妙地将公共艺术品放置在外部环境中不仅可以凸显景观的个性与独创性，还可提高空间的意向性，强化各空间之间的联系。

会展建筑外环境中的艺术景观设施的内容应该与整体环境相吻合，采用适

图 7-31　斯图加特会展中心广场上　　　　　图 7-32　里斯本会展中心风雨廊
的座椅

图 7-33　米兰会展中心水面上的　　　　　图 7-34　巴塞罗那会展中心公园中的小品
雕塑

宜尺度，能够统领空间，成为空间焦点；景观艺术小品的布置应该主次分明，并且考虑人的动线和整体空间组织。

在当代公共艺术中，人的行为成了当代艺术展示的一部分，这种互动式的设计使整个环境更具亲和力，也更加人性化。会展建筑的庭院设计也可以考虑参与式设计，如草坪上的雕塑、广场上的喷泉装置等，均可通过设计促进人的参与行为，丰富人们的活动体验（图 7-33、图 7-34）。

五、可持续景观设施设计

1. 垂直绿化

设计中可以采用大面积屋顶绿化和向阳倾斜墙面垂直绿化，或者栽种常绿乔木或者直接在建筑墙体上种植藤本植物，以此来屏蔽夏日曝晒，垂直绿化的植被还能提高场馆隔热和保温的功能，并且提高了场地的绿地率，带来更多的绿色。

2. 节地与节水

（1）节地措施

会展建筑对城市土地的需求量是其他公共建筑难以比拟的，这就要求在设计时合理使用和保护土地，尽可能节约土地资源。应该合理地组织空间功能布局，缩短车辆和行人的交通路线，减少不必要的用地面积；在规划建造停车场时，可采用地下、地面、屋顶三者结合，以地下为主的规划方式来安排停车空间，同时通过大量使用立体停车库以进一步节约土地。

（2）节水措施

在会展建筑外环境中对雨水进行收集利用是解决水资源短缺的有效措施之一。可通过屋面雨水收集系统与硬质铺装面收集雨水，利用屋顶雨水渗流系统，经过被动式过滤花园床将收集来的多余雨水、废水重新利用到场地内作为植物灌溉用水，从而改善植物生长条件。

将生活用水作为水源，经过适当处理后作杂用水，其水质指标介于上水和下水之间，称为中水。经过处理后的中水可用作地面冲洗、绿化浇灌、喷泉等。

3. 场地微气候设计

利用微气候改善室内热环境。主要包括：在建筑立面的开口处附近设置大型水面，为夏季吹入室内的热风降温，从而间接改善室内热环境；借助绿化景观调节内庭院的微气候环境，进而间接改善其周边展馆的室内热工环境；在建筑与外环境过渡带设置"灰空间"，通过向"灰空间"内导入自然风以及利用"灰空间"遮挡夏季日晒，营造出宜人的半室内半室外环境。

本章图片来源

图 7-1 ~ 图 7-4，图 7-19~ 图 7-34　[德] 克莱门斯·库施：会展建筑设计与建造手册 [M]，秉义译，武汉：华中科技大学出版社，2014。

图 7-5~ 图 7-10，图 7-15~ 图 7-18　Rikuyosha 公司：会展空间 [M]，福建科学技术出版社，2004 年。

图 7-11~ 图 7-14　王凌珉：展厅及展馆空间设计 [M]，中国建筑工业出版社，2014 年。

第八章

世博会场馆设计

第一节 世博会场馆的分类、功能与特点

世博会是各个国家形象、行业形象的集中展示场所。世博会场馆是多国参与的规模宏大的汇集产品、技术、文化、艺术展览及娱乐活动的临时性综合建筑。一方面，作为全球的顶级盛事，世博会为人类留下了丰富的遗产，同时推动了世界建筑的发展；另一方面，也正是因为建筑和工程技术的创新，才使许多世博会成为成功的世博会而载入史册。因此，世博会也是世界建筑的博览会。

一、世博会场馆的分类

1. 按性质分类

主题馆：由独立的展馆或多个展馆组成，目的是展示和诠释展会的主题。

国家馆：一般为独立展馆或联合展馆，用来展示本国特色的科技、文化、历史，通常会有不同形式的文艺表演。

企业馆：为独立展馆或露天广场，通常展示企业的最新科技成果。

2. 按使用年限分类

临时性场馆：为独立展馆，是采用新理念、新技术的实验性场馆，在世博会结束后会拆除。

永久性场馆：为大型展馆，一般为大跨度连通空间，世博会后继续使用。

二、世博会场馆的功能构成

世博会场馆一般包括陈列展示区、观众服务区和休息区、辅助区域。

陈列展示区是世博会场馆的最主要组成部分，要便于展品的安装、拆卸、运输及观众的集散。其空间形式灵活可变，适应多种展示需求。

观众服务区及休息区一般包括各个入口的门厅、接待处、纪念品出售处、食品小卖部、休息处、卫生间等。

辅助区一般包括库房区和办公后勤区。库房包括内部库房、临时库房、装卸车间、观察调度室、洗涤室等，办公后勤区包括内部办公室、临时办公用房、内部会议室、电梯机房、电话总机室、警卫室、空调机房、冷冻机房、水泵房、消防控制室、监控室等。辅助区域可设在展馆内，以临时库房、临时办公用房、设备控制室为主，也可以自成一体，临近展馆独立设置。

为了配合展示的内容和方式，很多展馆内还设有剧场、影院和表演舞台，观众服务区内还设有餐馆、商店、会议洽谈室和贵宾室等。

三、世博会场馆的特点

世博会的建筑反映了主办国的审美观念和经济水平，反映了主办国的意识形态和价值观念，大部分世博会的建筑都代表了对先进理念和技术进步的追求。

总体来说，世博会建筑有以下特点：

1.展示性

在服务于展品的同时，世博会展馆建筑自身也具有强烈的展品属性。世博会作为非贸易性的博览会，以促进交流、传播展示为主要宗旨，各国家和地区也旨在通过世博会这个全球性的大舞台，展现各自之文明、各自之底蕴，而建筑因其特殊的艺术感染力，自然成为最直接和最具艺术表现力的展品。因此，从世博会诞生之时起，世博会展馆建筑就一直表现出极强的展示性特点。

随着世博会的不断发展，世博会展馆建筑更是成为各方关注的焦点，世博会展馆建筑不仅作为为展品提供展示场所的舞台背景出现，它已成为展示的主体、舞台的中心被审视。

2.周期性与临时性

与一般的普通建筑相比，周期性与临时性是世博会展馆建筑最大的特征。众所周知，世博会作为全球性的展览盛会，具有周期性举办的特征。《国际展览公约》明确规定，注册类的世博会展出时间最长不能超过六个月，认可类的世博会展期最长不能超过三个月。因此，这也决定了大部分的世博会展馆建筑都具有周期性与临时性的特点。

为了充分利用举办国的国土资源，每一届的世博会主办方都会在世博会后将大部分的世博会展馆建筑迅速拆除或者移建，以充分利用"后世博"效应。因此，除了一些具有标志性意义的、在前期整体规划中已保留出的永久性展馆建筑外，大部分的世博会展馆建筑的使用周期都只有短短的不到六个月的时间，呈现出一种周期性与临时性。各展馆建筑的设计师都会极力发挥自己的创意，在不到六个月的时间内充分展示先进的、富有创意的展馆建筑。

3. 主题性

从 1933 年美国芝加哥世博会开始，每一届的世博会都会有明确的纪念性的主题。世博会主题的设置不仅表现在整个世博会的申办与运作过程中，同样也体现在世博会展馆建筑的设计中。大部分的展馆建筑设计师为了更好地表达设计理念，赋予建筑物以内涵，通常都会在进行建筑设计构思的同时，给展馆建筑确定一个建筑自身的主题理念。

一般而言，国家馆的主题的设置内容相对比较分散，涉及多个领域，包罗万象，但基本都是对世博会大主题的延伸；而主题馆和企业馆等展馆建筑的主题设置则基本上都与当届世博会的主题紧密相关。

第二节 世博会场馆的设计理念与方法

一、世博会场馆的设计理念

1. 历时性与共时性相结合

世博会的展馆是一个国家社会内容、心理作用和形式效果的综合体现。在不同历史时期千姿百态的世博会建筑空间形式后面，蕴含着一条清晰的历史脉络，即历时性。在每一届世博会中，可以清晰地看到同一时期、各个国家建筑发展的来龙去脉和各个展馆所体现的时代理念，即世博建筑的共时性。

世博会建筑具有典型的时代特征，它是历时性与共时性的交汇。可以说一个国家的世博会历届展馆是一部历史，而且每时每刻其中的建筑理念都在改变，其历时性和共时性永远共存，并时时让人感到震撼。只有将世博会建筑作为一个民族建筑历史的片断，才有实际意义。

2.实验性与先锋性相结合

世博会上的大部分建筑都是临时建筑，由于其短暂性，也由于其场所的特殊性，建筑基本上无需考虑与环境及城市的关系。因此，世博会的许多建筑都属于实验性建筑、先锋性建筑，展馆通常都有新颖的面貌，有的是材料上的大胆运用，有的在结构上有所创新，有的则是建筑理念的试金石。这些充满新奇的建筑不断的推动着建筑的发展，同时也是建筑新锐发展的集中体现。

世博会也是各种建筑流派和思想的展场。在这些错综复杂的理念展示中，世博会建筑沿着"实验性"与"先锋性"的线索，一直将这些思想串在一起，形成新理念发展的脉络。

3.局限性与无限性相结合

世博会场馆的面积有限，建筑的体量和规模相对比较小，有些世博会在规划上甚至对建筑的体量和空间有许多制约，只容许各国展馆在建筑的表皮上有自己的处理，因此世博会建筑只能在有限的空间和体量关系中传达无限的综合性的信息。

4.特殊性和象征性相结合

世博会的建筑是展示产品的舞台布景，它代表国家和地区，具有重要的符号意义，可以说，建筑本身就是一件展品，就是艺术品。几乎所有的世博会，各个场馆的建筑都是独立设置，建筑的造型性就更为突出。同时，世博会建筑的短暂性，使建筑师有机会创造独特的建筑，表现出建筑的特殊性。世博会的建筑必定作为原创的作品而成为世博会展示的组成部分，建筑的形象显得十分重要，具有很强的象征性。

5.地域性与普遍性相结合

世博会和各国展馆都力求通过建筑表现民族和国家文化，表现民族和国家精神，成为地域文化和地域建筑的展示场，为此，都会激励建筑师在地域建筑风格上进行创造。新的地域主义者们既接受了普遍文化与传统文化之间的冲击，又要在这种撞击当中找到适合自己地域与文化的突破口，从自己本土文化特点出发，寻求一种本土文化和新技术的融合。

二、世博会场馆建筑的平面设计

1. 平面功能分析

场馆平面功能分析的主要依据是人的行为特征，在空间使用方面具体表现为"动"与"静"两种形态。每种形态在平面上又分为交通面积和有效使用面积，对二者关系的分析涉及位置、形体、距离、尺度等时空要素。平面功能分区、交通动线与流量、展示道具位置、设备安装等各种因素作用于同一空间，会产生多方面的矛盾，因此设计中需协调这些矛盾，使平面功能得到最佳配置。

2. 平面设计的特征

（1）多种交通流向

世博会场馆平面设计以人流参观活动的交通动线及功能进行分区，人流活动的合理组织是平面布局的基础，而人流活动的方向与数量又是以同一时间、进出同一空间的行为特征所决定的。以交通功能为目的，按照人流活动方向，可将交通流线分为"单向""双向"和"多向"。

①单向交通：一般用于场馆中的办公空间。进出一个空间只有一条交通主线，方便连接各类使用功能的空间。好的平面设计能够以最短的交通线连接最多的空间，同时又能够照顾到体现美观的空间视觉形象。

②双向交通：一般用于场馆中的商用或接待空间。双向流向包括内部与外部两类人流，二者互不交叉，有不同的出入口，在互不干扰的空间中各自活动，并最终汇于同一空间交流。此种平面布局，既要考虑到各自交通流线的合理性，又要考虑各自活动空间的人流容纳量，同时还要考虑到达交汇界面的便捷性，争取做到各个环节丝丝入扣，在功能与审美方面达到高度的统一（图8-1）。

③多向交通：用于场馆空间的主体——展览空间。这里人流、物流和交通工具错综复杂，仅靠线路的自然引导已无法满足观众参观需求，必须有科学的视觉引导系统作为辅助，使各种交通合理分流（图8-2）。

（2）合理功能分区

展览场馆的观众既要求有独处空间的私密性，又要求有与他人共处同一空

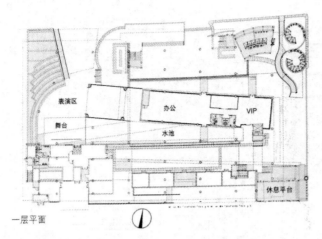

一层平面

图 8-1　2010 年上海世博会印尼馆平面图

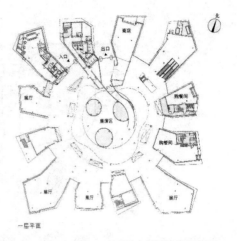

一层平面

图 8-2　2010 年上海世博会俄罗斯馆平面图

间的公共性，因此在平面布局上要根据使用功能进行空间划分，按照需求进行空间分隔封闭程度的设计。一般按照进入空间的时间顺序来安排，入口周围为公共空间，内部为私密空间。空间的封闭与流动则根据视觉交流的对象进行界面分隔。

　　展馆的平面布局还受功能技术因素限定，采暖通风设备对空气流动方向的要求、展具对界面的分隔、声音的传播等都对平面布局有特定的需求，需要根据不同空间的功能作相应的形态配合。

3. 参观流线设定

　　控制参观者的流向、流量、流速和整体布展方式是展览场馆空间设计的关键环节。参观者在展览场馆空间的参观顺序，一方面是根据自身兴趣、参观习惯等，另一方面是根据展览空间的开敞与封闭程度。以主题展馆、国家展馆形式出现的世博会独立展馆，可设置封闭性强的展览空间，使参观者沿着设计好的参观流线从入口进入，并沿着流线进入下一个展示区入口，直至走出最终出口（图 8-3）。

　　好的参观流线可使参观者在愉悦的环境中和有限的时间段内完成参观过程。因此参观流线的设置以节省参观者体力为主要原则。按照观众的行为习惯，参观者在较大的空间中尤其是空间的边缘地带容易滞留，可以通过控制通道宽度来控制参观者流量；重点展示区的入口空间和入口前通道应设置得宽大，次要的展览空间相关通道可设置得窄一些（图 8-4）。

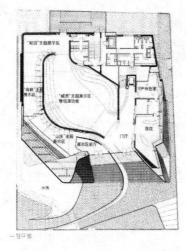 

图 8-3　2010 年上海世博会奥地利馆　　　　图 8-4　2010 年上海世博会法国馆平面图
　　　　　平面图

三、世博会场馆建筑的内部空间设计

1. 开敞空间

开敞空间经常被作为展馆内整体空间的过渡空间。开敞空间的开敞程度取决于有无侧界面、侧界面的围合程度、开洞的大小及启闭的控制能力等。一个房间四壁严实，就会使人感到封闭、堵塞，而四面临空则会使人感到开敞、明快，所以空间的封闭或开敞会在很大程度上影响人的精神状态。开敞空间有一定的流动性和很高的趣味性，是外向性的，限定度和私密性较小，强调与周围环境的交流、渗透，讲究对景、借景，与大自然或周围空间融合。观众在开敞空间的心理感觉表现为开朗、活跃，性格是接纳、包容性的（图 8-5）。

开敞空间可分为两类：一类是外开敞式空间，其特点是空间的侧界面有一面或几面与外部空间渗透。展馆的顶部通过玻璃覆盖也可以形成外开敞效果。另一类是内开敞式空间，其特点是从空间的内部抽空形成内庭院，然后使内庭院的空间与四周的空间相互渗透（内庭院可以根据功能要求有玻璃顶，也可以不带玻璃顶）。

2. 封闭空间

封闭空间是用限定性比较高的围护实体包围起来的，视觉、听觉、小气候等都有很强隔离性的空间，具有很强的区域感、安全感和私密性。这种空间不

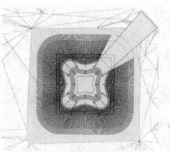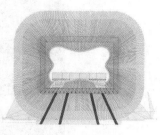

图 8-5　2010 年上海世博会瑞典馆内部　　　图 8-6　2010 年上海世博　　图 8-7　2010 年上海世博会
　　　　　　　　　　　　　　　　　　　　　　会英国馆平面图　　　　　　英国馆剖面图

存在与周围环境的流动性和渗透性。随着围护实体限定性的降低，封闭性也会
相应减弱，与周围环境的渗透性则相对增加。2010 年上海世博会英国馆，除
了入口门洞以外，没有任何与外部空间流通的窗口，是一种高度封闭的空间（图
8-6、图 8-7）。

3. 流动空间

　　所谓流动空间，就是三维空间加上时间因素，即若干个空间是相互连贯的、
流动的，人们随着视点的移动可以得到不断变化的透视效果，从而产生不同的
心理感受。流动空间的主旨是：不把空间作为一种消极静止的存在，而是看做
一种生动的富有活力的因素，尽量避免孤立静止的体量组合，追求连续的、运
动的空间形式。流动空间在水平和垂直方向都采用象征性的分隔，但又保持最
大限度的交融和连续，视线通透，交通无阻隔或极少阻隔。流动空间是以开放
的平面为基础的，一般从平面布局开始入手，没有灵活的平面划分，就不能形
成有机的流动空间。

　　1929 年巴塞罗那展览会的德国展览馆，结构构件布置成严格的几何形，
连续的空间用垂直平面来分隔，没有构成封闭的、几何形体的静止部分，反而
创造了一种随观看角度的移动而畅通无阻的流线。

4. 结构空间

　　通过展览场馆结构构件的外露部分来感悟结构构思及营造技艺所形成的空
间环境，可称为结构空间。经过一定装饰处理并把一些结构构件隐蔽在装饰下
面，这种结构空间具有修饰的美感。另外，有些结构构件本身就带有某种装饰

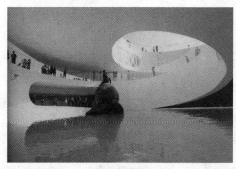 

图 8-8　2010 年上海世博会丹麦馆内部空间　　图 8-9　2015 年米兰世博会法国馆内部空间

性，给人一种质朴的美感。随着新技术、新材料的广泛采用，加上设计师的精巧构思和高超技艺，空间艺术的表现力与感染力大为增强，合理结构的现代感、力度感、科技感和安全感是真实质朴美的体现，与繁琐和虚假的装饰相比，更具有令人震撼的魅力（图 8-8、图 8-9）。

5. 虚拟空间

虚拟空间是一种既无明显界面又有一定范围的展馆空间，它的范围没有完整的隔离形态，也缺乏较强的限定度，只靠部分形体的启示，依靠联想来划分空间，所以又可称为"心理空间"。

由于不同的使用要求，常常需要把一个大的空间分隔成许多相对独立的空间，但又要保持大空间的整体性，所以这些小空间虽然分隔但又互相联系。为满足观众的精神需求，空间应有较丰富的变化，甚至创造某种虚幻的境界。可以借助列柱、隔断、隔墙、家具、陈设、绿化、水体、照明、色彩材质及结构构件等因素对空间进行暗示，或者通过改变顶棚及地面的落差、各种围护面的凹凸、悬空楼梯及改变标高等手段，达到虚拟空间的效果，从而衍生出一些特定空间类型。

对空间进行二次限定所形成的"子母空间"，是在原空间（母空间）中用实体或象征性手段再限定出来的小空间（子空间），既能满足使用功能要求，又能丰富空间层次，强化空间效果。子空间既有一定的领域感和私密性，又与大空间沟通和联系，闹中取静，群体与个体在大空间中各得其所，融洽相处（图 8-10）。

6. 共享空间

共享空间是为了适应各种频繁的社会交往和丰富多彩的生活需要。它往往

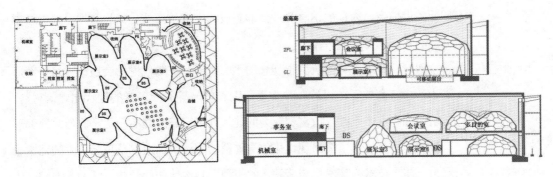

图 8-10　爱知世博会西班牙馆"子母空间"设计

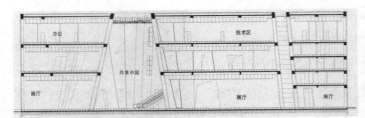

图 8-11　2010 年上海世博会意大利馆剖面

图 8-12　2010 年上海世博会意大利
馆中庭

处于大型博物馆或会展场馆内的公共活动中心和交通枢纽，含有多种多样的空间要素和设施，使观众无论在物质方面还是在精神方面都有较大的挑选余地，是综合性、多功能的灵活空间。

　　共享空间的特点是大中有小、小中有大，外中有内、内中有外，相互穿插交错，富有动感。在这样的空间中，不仅可以充分观看展品，也可满足"人看人"的心理需求。共享空间也常常引入展馆外部空间元素，因此也具有空间界限的某种"不定性"。2010 年世博会意大利馆将佛罗伦萨主教堂穹顶符号化设置于共享大厅，自动扶梯在意大利文艺复兴时期建筑的符号化空间中上下穿梭，加之超大尺度的时装模特、现代座椅的整面展示墙，使共享空间充满时空交错的动感，极富生命活力和人文气息（图 8-11、图 8-12）。

四、世博会场馆建筑外部形态设计

1. 高技派的设计手法

　　当代高技派的设计理念是建立在当代技术美学基础上的，其设计特征是以灵活、夸张和结构生长为概念，追求结构和表皮的精巧。以展示新技术而声名鹊起的世博会，为在展馆建筑外部形态设计中探讨高技化的设计理念提供了更为广阔的空间。

随着高新技术与建筑美学观念的不断发展，在当代世博会展馆建筑外部形态设计中，高技派的设计在注重运用钢、玻璃等多种多样的现代化建筑材料，营造更加丰富多元并且极富震撼力的建筑外部形态的同时，更是将建筑外部形态设计的重点放到了突出现代化建筑材料、结构、构造以及工艺技术的艺术表现力，注重技术的艺术化与情感化的表现，其设计理念开始逐渐融入地域文化与生态平衡以及可持续性问题的探讨，在设计中开始增添更为绿色、生态以及信息技术的新内涵。

（1）技术情感化表现手法

当代世博会展馆建筑的体量相对较大。但是展馆建筑却没有一味追求建筑的标志性，而是充分运用技术情感化的手法，展现精细细腻的细部构造，以分块化单元处理的方式弱化建筑体量，充分体现对人性的尊重。如2015年米兰世博会德国馆，整个展览空间被一个个新芽状棚架所覆盖，中心设计元素由薄膜覆盖，设计主题为："思想的幼苗"。这种仿生设计语汇受到大自然的启发，通过集成先进的有机光伏（OPV）技术，通过灵活的OPV薄膜组件设计，使"幼苗"成了太阳能树。这些"幼苗"将内部和外部空间连接起来，融合了建筑和展览，同时在意大利炎热的夏季为参观者提供了乘凉的处所。参观者可以漫步到展馆的上层空间，放松享受，也可以参观展馆内部的展览，并充分体会设计主题：营养的来源、食物生产和城市消费等（图8-13）。

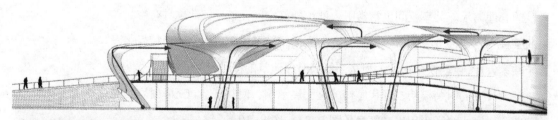

图8-13　2015年米兰世博会德国馆立面设计

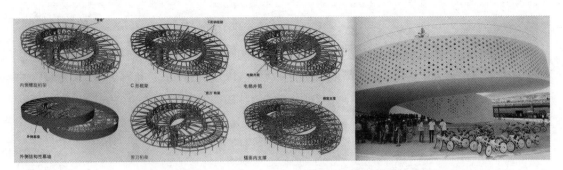

图8-14　2010年上海世博会丹麦馆结构及外观

（2）技术浪漫主义表现手法

浪漫主义追求个性的解放，追求虚幻的美，注重情感的表达，以动态对抗静止，世博会场馆设计利用新材料的特殊属性，以浪漫化的技术表达，将技术真正与艺术、与人的内心情感深深联系在一起。高新技术作为一种手段，与艺术以及生态的完美结合，致力于解决生态问题的同时，营造出极富浪漫主义的外部形态。

如2010年上海世博会丹麦馆名为"梦幻城市"，展馆由两个环形轨道构成，形成室内和室外部分，从上俯瞰形似一个螺旋体，超越了传统的展览形式，带来不断穿梭于室内与室外的感受。展馆外形恰似两个上下重叠而又倾斜的圆环，上层圆环的坡道上放置若干辆各种用途的自行车供游客在馆内外免费使用。圆环中央是一个下沉式迷你海滨广场，游客可以到水中嬉戏，也可以在广场外围的草坪休息野餐，感受丹麦惬意的生活气息。展馆内部真实生动地再现了丹麦王国的童话故事，进入展馆，游客不仅能感受丹麦生活中典型的日常场景和设施，更有机会讲述自己的故事。这一互动形式增进了各地游客对丹麦人民、生活、文化以及价值的了解，更引发了大家对未来美好生活的思索（图8-14）。

2. 当代新地域主义设计手法

面对文化普适化的发展所带来的巨大压力，越来越多的设计师意识到文化的地域性与多样性的重要。因此当代世博会展馆建筑外部形态设计开始在文化趋同的信息社会中寻找建筑的个性与特色，开始注重对传统的创新，从传统与地域中寻找创新的力量，大量探索结合地域特征的新地域主义设计。

新地域主义的核心理念是以文化共生、"和而不同"为目标，尊重并还原文化的地域性属性，倡导加强交流，而不是相互排斥；对待文化传统的态度，是动态继承和再创造性发展相结合，超越单纯的静态保护。新地域主义的设计理念中，通过对传统地域性的文化特色以现代的方式进行再传译，将地域性的崭新面貌体现在展馆建筑外部形态设计中，以现代建筑设计的方式展示一种地域性文化的持久旺盛的生命力。

（1）文化象征性的表现手法

文化象征性的表现手法是将传统元素符号化，从中提炼与展现丰富的象征性元素。利用对传统地域符号的简化与提炼，进行母体式的重复使用，或通过对单体的符号夸大化处理，突出极具地域性的建筑的外部形态特征。

如 2010 年上海世博会中国馆，其建筑外部形态可分为两个部分：上部是充满雕塑感的木结构形态，下部以地区馆为底座，衬托中国馆主体建筑形态。整个中国馆建筑外部形态反映了多种中国传统精髓，如经典的中国红，国宝级的器皿造型，中国传统建造的精华木结构，等等。建筑外部形态的设计一共运用了"中国器""经纬网络""福荫空间""中国舞台""时代精神""和谐"六个构思匠意，将传统建造中的木结构以现代设计的方式进行简化与提炼整合，并将这种整合提炼后的符号夸大化地表现，突出主体，气势恢宏（图8-15）。

（2）传统手工艺的建筑化处理

将传统手工艺与现代技术相结合，用民间传统手工艺的建筑化处理方式沟通传统与现代。如 2010 年上海世博会西班牙馆，外部形态设计中通过编织手工的方法，动感的非线性形体充分表达西班牙传统多元的地域性元素。同时，也找到了与中国文化的交汇点，表现汉字的形式，更是尊重了地域文化的多样性（图8-16）。

图 8-15　2010 年上海世博会中国馆外观及细部

（3）地域自然风貌的重构

将具有地域特色的景观风貌直接而显性地体现在建筑外部形态塑造中。通过运用外部形态中的形体、色彩等构成要素，用现代设计的形式法则，将国家地域的景观风貌以建筑的方式艺术化地展现。

2010 年上海世博会中的阿联酋馆是一座不规则的非线性建筑，其"沙丘"状的建筑形体正是该国沙漠国家形象的艺术体现。阿联酋地处中东，广袤无边的沙漠是该国最具特色的地域风貌，其展馆建筑设计的灵感也正是来自于 7 个酋长国共享的沙漠景色。整个阿联酋馆被起伏变化的外形和变化的表面颜色所包裹。这个外壳由一片片 2 米大小的三角形金属板组成。设计师集中心思地塑造出一座流动性的"沙丘"（图 8-17）。

图 8-16 2010 年上海世博会西班牙馆外表皮及室内

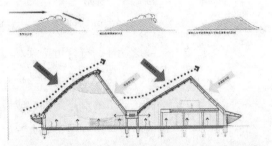

图 8-17 2010 年上海世博会阿联酋馆"沙丘"概念及建筑外观

3. 当代生态主义的设计手法

当代生态主义的设计理念是基于对人类逐渐形成的征服自然、消耗自然的环境观与建筑观的反思。在当代生态主义的设计理念指导下，建筑创作策略从灰色走向绿色，这意味着对于"灰色的钢筋混凝土森林"和对于"技术至上"思想的矫正，其核心概念也正是可持续发展。表现在建筑哲学观上，从以人为中心转向人与环境并重。设计师充分认识到人与建筑都是环境的一部分，建筑的设计应当放到一个更大的背景上，对环境的关注，也是对人类自身生存环境的关注，将环境观念纳入以人为本的设计中，是以人为本设计理念的进一步升华。

（1）生态表皮的试验

在建筑表皮的材料选择和构造方式上采用生态的方法进行设计。如 2000 年汉诺威世博会日本馆，建筑外部表皮是由经过防火防水加工过的纸膜覆盖而成。建筑形体类似波浪形，纸造成的建筑犹如一座巨大的纸灯笼。这些用于搭建展馆的纸质材料在世博会结束后，拆除后将会全部回收利用，做成日本小学生的练习本。建筑的使用寿命以拆除为标志，设计之初即考虑建筑的可持续性利用，而不是纯粹地营造一个最终的形态，充分体现生态可持续性的设计理念。

2015年米兰世博会中国馆建筑外形提取了传统歇山式屋顶的造型元素，采用高耸的胶合木结构屋架，屋面从下而上有三层，简称"三明治"：主结构由胶合木（钢木）组成，主结构上盖着PVC防水层，并由遮阳竹板支撑，最上层是由竹条拼接的遮阳表皮。竹编材料覆盖屋顶，是为了对应米兰的日照轨迹，选择不同透光率的竹编面材，可将自然采光引入室内，既满足照明需求，又降低能耗，符合可持续发展的理念（图8-18）。

（2）生态化的形体结构

在建筑的形态结构构成设计上充分利用生态设计理念。如2000年汉诺威世博会荷兰馆，建筑共有五层，加上顶部的屋顶花园，一共六种不同的人工与自然要素，共同构成整座建筑的人工"生态链"，并且从外观上人们也能清楚地观察到这六个不同的展示主题。这六个主题分别是"屋顶花园""雨林""水幕""林""园艺花圃""沼泽地"。整座展馆建筑形成一个自给自足的循环系统，向人们展示了一种观念：作为生态系统中的一个子系统，建筑系统自身应当形成可循环的再生机制（图8-19）。

中国2010年上海世博会沙特阿拉伯国家馆，位于世博园A片区，展馆形似一艘高悬于空中的"月亮船"，在地面和屋顶栽种枣椰树，形成一个树影婆娑、沙漠风情浓郁的空中花园。在建筑物本身设计中通过一系列方法提高对自然资

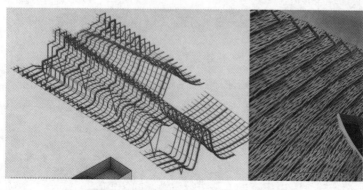

图8-18　2015年米兰世博会中国馆屋顶骨架及表皮

图8-19　2000年汉诺威世博会荷兰馆

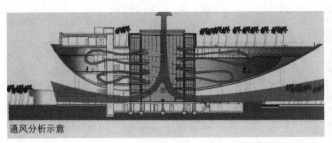
通风分析示意

图 8-20　2010 年上海世博会沙特馆通风分析及建筑外观

源的充分利用：作为交通核心的中庭充分利用自然光，展馆外墙根据功能需要不设外窗，大大减少了室内外热交换的可能；用架空建筑体量来营造凉爽舒适的室外等候空间和表演空间，场馆的架空结构在西北侧形成巨大的阴影区，为等候参观和观赏演出的人们提供了舒适的室外小环境，展示平台下侧周边的喷水设施又对空间起到了降温作用；船形展馆的上扩下收的造型，使展馆外墙几乎回避了日晒的影响，使外围护隔热问题通过造型初步解决；屋顶绿化在展示沙特风貌的同时又有效地改善了展厅屋面的隔热性能；充分利用自然通风及其压力、温差的作用，中庭空间促进了空气的流通，也有效改善了展馆内的空气质量（图 8-20）。

五、世博会场馆建筑结构与技术表现

1. 结构技术的巨型化

通过展馆建筑结构形式的创新，表现建筑的大跨度、新高度，展现国家的技术发展水平，是历届世博会参展国家特别是发达国家最常用的方式。新结构、新技术的应用使世博会展馆向表现高大磅礴发展。新的技术手段和建筑的表现意图之间所建立起来的秩序和美正随着人们的不断探索和开拓而变得越来越神奇多样。随着钢结构、钢筋混凝土、充气结构、索膜结构等新建筑形式层出不穷，以及新的结构技术以及材料的不断开发，更多建筑继续以创新的视角在世界博览会的大舞台上塑造自己的新形象，越来越多的建筑师开始朝着展馆建筑的大跨度、新高度等特点尝试，努力探索新的建筑形式。

20 世纪 60 年代英国的阿基格拉姆小组提出第二代机器美学，将巨大结构变得更加柔性、动感，从而赋予结构技术以速度的概念。新的技术倾向领导了当代建筑新潮，给建筑带来新的气象和新的希望，促进了技术表现的建筑审美价值观的形成和推广。近几届世博会中，主办国常常采用高技术设计理念来表现国家馆的标志性地位，所以更多地运用灵活、夸张和结构生长的概念。

2. 构造技术的精巧化

追求结构和表皮的精巧已成为世博会建筑技术发展的主流。当代世博会建筑技术表现的这种精密轻巧有三重含意：轻质、轻灵和轻便。这三点贯穿于当代世博会建筑设计的技术表现中。"轻质"指的是建筑结构本身重量的缩减，这种缩减或通过技术的改变，或通过结构形式的革新，达到一种真正的轻型结构；"轻灵"指视觉上的，甚至以运动的方式来表达轻巧灵动的感觉；而"轻便"则指建筑结构的可变性以及拆卸、运输的方便等特点。

3. 传统材料的新表现

通过发掘传统材料的新内涵来实现建筑的人性化和情感化是当代世博会建筑的一个特点。这体现的是现代人对于技术与历史共生这种精神意义的追求。世博建筑无可替代的公众性使其具有更多的人性色彩，使技术的人情化处理手法有了更多的表现空间。

当代世博会建筑运用传统材料一般是对原有建筑材料性能与构造方法进行改进，以新的建造方法来诠释传统建筑材料，以体现一种原有的构造方法所不能表达的材料表现力，通过高技术的隐喻与象征体现物质与精神、虚幻与现实、建筑与人之间的交流。自然体系的引入体现的是人们对最初生活场所的回归。

4. 装置艺术的智能化

当代令人惊奇的装置艺术是跟随智能设计理念共同发展的。"智能化"倾向综合利用信息媒体技术，在设计中融合多专业、多学科，使传统的静态空间变得有思想、有神经。

在世博会中，装置艺术使用的媒材包含了自然材料到新媒体，如录影、声音、表演、电脑以及网络，在某个特定的环境中创造发自内心深处的或概念性的经验，装置艺术的这一特点也预示着世博建筑与建筑智能化的必然结合。建筑师也开始跨越艺术的领域，尝试着用装置化的手法重新诠释建筑与空间的意义。装置化空间以空间艺术的本质，结合装置艺术的表现力，大胆使用各种非建筑素材，弱化传统空间的基本构成要素，创造出与传统建筑完全不同的视觉效果和空间体验。

5. 生态技术的新策略

20 世纪 90 年代后，多数世博会建筑的设计开始注重保护生态环境，在展馆设计中也首先提出了著名的 "3R" 原则——减量化、再利用和再循环，朝着可持续发展的目标行进。

减量化原则（Reduce）要求用较少的原料和能源投入来达到既定的生产目的或消费目的，进而从经济活动的源头就注意节约资源和减少污染。减量化既包括选择制造过程、运输过程中能耗较低的自然材料，也包括材尽其用，减少浪费，追求对材料的朴实表现等。

再利用原则（Reuse）要求建筑材料能够以初始的形式被反复使用，以减少大量建筑垃圾对环境造成的负荷。再利用原则还要求建筑师在材料连接方式上进行专门设计，为尽量延长建筑材料的使用期留有余地。

再循环原则（Recycle）要求建筑材料在完成其使用功能后能重新变成可以利用的资源，而不是不可恢复的垃圾。

第三节　世博会展示设计

一、展示主题的传达

21 世纪以来，世博会展示的主题演绎体系得到了全面贯彻执行，其模式主要分为叙事型、述行型和体验型三种方式。

1. 叙事型

通过讲故事的方式将主题用一种深入浅出、直观的方式传达给观众。其关键在于营造一种身临其境的情景氛围，强调将故事线索融入展示设计中，使展示物体融入背景，并结合灯光、音响和各种展示手段，激发参观者对于故事情节发展的兴趣和关注，并引起情感共鸣。

叙事型的演绎模式一开始就会设定一个战略性的故事或计划，作为线索贯穿布展的各个阶段。然后根据故事情节发展，对空间与空间之间、空间与

图 8-21　2010 年上海世博会日本馆展示内容

展品之间、展品与展品之间的关系进行梳理和安排，并强调各分主题之间的关系，同时还要策划好合适的移动模式和流线。如 2010 年上海世博会日本馆运用多媒体技术营造了长 10 米的画卷，向参观者讲述了中日历史发展中的关联（图 8-21）。

2. 述行型

述行型强调空间、人、时间之间的对话。时间、空间作为一条线索对展示活动起到指导性的作用，人的身体在信息传播和认知中扮演了基本的角色。参观者通过移动，在时空的转换中不停地与过去、现在、未来进行对话，并产生各自不同的联想，使体验成为一种偶然、一个事件空间。

需要着重强调的是，述行型将注意力放在观众身上，谨慎地协调用户体验，强调移动和动作，而非静态地观察。新颖的展示手段和多样化的互动方式被大量运用，观众被邀请参与各种体验活动，并在与展项的多样化互动中引发对于主题的思考。如 2010 年上海世博会西班牙馆，在西班牙著名导演比格斯·鲁纳的讲解下，西班牙馆的第一部分展厅"起源"展露了它的全貌。参观者仿佛置身"岩洞"，头顶有点点"星光"，视听设备将影像打在"岩壁"上，奔腾的海洋、远古的化石，弗拉明戈舞者在激昂的鼓点中翩翩而至，穿着原始服装的舞者将从屏幕里"舞出来"。接着，挥舞着红布的人群把参观者带入奔牛节的现场，经历一场沸腾般的狂欢，NBA 球员加索尔和网球选手纳达尔也会出现，与游客"近距离接触"。第二展厅"城市"的设计者巴西里奥·马丁·帕蒂诺将在《彼得大师的木偶戏》的旋律中，以独特的万花筒方式展现西班牙城市从近代到现代的变迁。第三展厅"孩子"中，伊莎贝尔·库伊谢特将以"西班牙国家馆的孩子"——吉祥物"米格林"的视角遥想未来生活，和游客们一起畅想明日城市（图 8-22）。

图 8-22　2010 年上海世博会西班牙馆展示内容

图 8-23　2015 年米兰世博会日本馆展示内容

3.体验型

　　通过展示为参观者提供一种迷人的、多重感觉的、值得的体验。可以通过模型、装置及计算机虚拟的方法来模拟环境，重新构造以及虚拟真实的体验，从而增强参观者的认知程度、达到传达主题的目的。

　　体验型模式通过一种完全的合并，使参观者懂得模拟世界和真实世界的相互依赖关系，并感受到体验的真正价值。如 2015 年米兰世博会日本馆，通过数字虚拟影像技术设计了一个大型的光影互动展厅，展厅里错落有致地摆满了形似稻穗的装置，高度从参观者的膝盖位置到腰部位置不等，交互式展示空间让参观者完全置身于虚拟场景之中，并能与场景进行互动，发挥了参观者的主观能动性，激发了参观者的探究欲望和获取信息的主动性；通过影像循环介绍日本大米耕种和制作的过程，观众可以用筷子去夹放在"触控屏餐桌"上的美食（图 8-23）。

二、展线设计

　　由于世博会是全球综合性的盛会，参观的人流量和展线的处理是展示空间设计中必须考虑的问题。一方面，很多展馆的外观形态都是直接以展线为中心衍生出来，不同的展示空间依靠动态的参观流线衔接；另一方面，合理的展线设计保证了参观行为的顺畅行进。

世博会展示空间一般采用序列化的、动态而有节奏的形式，展示空间的性质和参观者的行为决定了展示空间的流动性特征。人在展示空间中是在运动的状态中体验并获得最终的空间感受的，展示空间必须以此为依据以最合理的形式设计观众的参观流线，使参观者尽可能不走或少走重复路线。空间的处理应在满足不同功能的同时让观者感受到空间变化的魅力和设计的无限趣味，使展示空间和动线清晰流畅。

2010 年上海世博会丹麦国家馆的展线由两个环形轨道组成，形似一个螺旋立体的魔比斯流线，环形单向展线将观众流畅有序地引向展区，观众可以不断地穿梭于室内和室外之间，自由进出，打破了以往设计时参观者置身于室内的闭塞视域。丹麦展馆同时存在着两条流线，参观者可以通过两种不同的速度来体验：或是悠闲自在地漫步其中，或是骑上自行车飞速驶过。两条流线互相盘绕而成的螺旋，使这个设计可以容纳三百多辆自行车盘绕而行，从而使参观者实践体会到丹麦城市的自行车文化。参观者可由馆内步行至屋顶领取自行车，然后骑着自行车由室外自行车坡道下行沿路重新观看展览，最后回到归还自行车的起点处。沿着室内的坡道向上行进可以看到墙面、地上、吊顶到处都是跟海洋有关的主题设计。沿展线而生的围栏和可以坐下的长椅为参观者提供了观看墙上视频影像的小憩之处，它们绵延起伏而成为展馆内的一道风景（图 8-24）。

图 8-24　2010 年上海世博会丹麦馆展线设计

三、展示载体与视觉技术的创新应用

展示设计是一种传播活动，采用特定的传播媒介，其目的在于有效地传播资讯，以期获得受众视觉或心理上的共鸣，并给予积极的反馈。

传媒技术的不断更新为世博会的展示媒介带来了翻天覆地的变化。与此相适应，设计师的观念和思维方式也有了很大的改变。尤其是近年来随着数字影像技术的快速发展，各种 3D 甚至 4D 电影、多屏幕影像、环幕和球幕等成为世博会上的常客，不仅展示了创新的技术成果，更借助先进的影像效果推动了文化传播。

各种视觉技术的不断推陈出新集中体现了人类在当代审美认识与观念上所能达到的广度与深度，也体现了人类视觉审美认知与发现的精神维度。视觉技术作为展示手段在世博会上的应用不仅仅只在诱人的形式上，其真正意义在于所表达的内涵，单纯追求视觉的刺激往往适得其反，成功的展示设计应该是形式与内容的完美契合。

如 2008 年在西班牙萨拉戈萨举办了以"水"为主题的世博会，借助影像技术表现主题的日本馆获得好评，影片内容确实精彩，但点睛之笔却在影片之后。日本馆利用三面墙体投射围合的影像，将观众带入古代日本人民取水用水的历史。影片最后，正面投射的墙体突然打开，在观众未作反应时一道瀑布流淌而下，观众透过瀑布溅起的水雾进入另一个展厅。在虚拟与真实的强烈反差中，参观者瞬间感悟到来自东方的真实，视觉带来的震撼在此时已由表及里，所表现的思想和精神深入人心。

值得一提的是，网络多媒体的发展使得展示设计的载体发展到一个新的高度。在个人终端技术的快速发展下进一步促进了主动参与、双向交流的优化沟通和情境体验效果，使世博会展示艺术进入了观众主动参与和感觉复合作用的新境界。展演表达与双向沟通、现实与虚拟手段的有机结合形成了全新的交往和感受空间，为情境化体验提供了更充分的条件，预示着世博会展示设计正从多维展演的时空艺术走向个性参与的虚拟艺术。

如上海世博会德国馆中，参观者从展馆底层错落有致的自然景园开始，一路就像走迷宫一样，穿过不同的空间、隧道、空地和院落，踏进都市内设计奇妙的空间。两个虚拟讲解员——德国青年"严思"和中国女孩"燕燕"，与参观者在展厅内互动。这两个年轻人将陪同来访者参观"和谐都市"展馆。他们的故事开始于中国：机械制造专业的大学生严思在中国认识了建筑设计专业大学生燕燕，而现在，中国姑娘又来到德国做客。严思向她介绍了自己的生活和国家。而世博会的参观者在参观"和谐都市"展馆时，会一直以虚拟的方式见到他们，他们会时而进行短暂的对话，时而出现在现场放映的影片当中。

第四节　世博会园区公共空间设计

世博会园区的公共开放空间由几个独立而又互相联系的系统组织而成，包括步行系统、硬质广场、绿地景观系统等，它们共同组成了园区的物质实体，是承载游憩、展览、表演、商业等具体功能的空间场所，也是园区规划设计的基本内容。设计者在构思的过程中，既要做到满足每个系统的自身功能需求，又要设法使之成为和谐统一的整体。

一、总体布局与道路系统

园区的总体布局规划应围绕参展场馆和游览路线来进行，规划的目的是为展会创造一种简单便捷的道路体系，让使用者更快速方便地抵达场馆或者是服务设施。世博园内的设施复杂，场馆建筑众多，除了为数不少国家自建的展馆之外，还包括企业馆、联合馆、行政服务部口等，所需要的配套服务设施也相对庞杂，交通设施、景观设施、公共服务设施等一应俱全，而合理高效的道路结构能够使园区内的设施发挥各自的特点与作用，功能分区清晰，不同目的的使用人群不会互相干扰而造成混乱。

1. 鱼骨式

由两个方向直线状结构相互叠加，主干路上延伸出垂直方向的次干路，形成路网体系的结构，称为鱼骨式结构。这种形式的道路体系通常主次分明，有清晰的层级顺序，功能分区十分明确，避免了主干路的人流压力过大形成拥堵，同时也便于游览者快速寻找到目标建筑。2015 年米兰世博会西部展区就是采用了鱼骨式的道路结构，各个国家的展馆呈现规则的布局，主干路 – 支路的

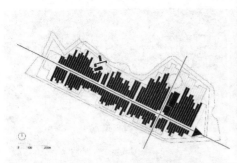

图 8-25　2015 年米兰世博会总体概念规划及鸟瞰

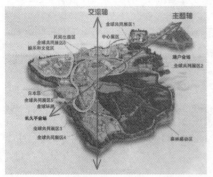

图 8-26　2005 年爱知世博会长久手会场总体概念规划及鸟瞰

层级体系让人一目了然，游客既可选择按照既定顺序完整参观展览，也可根据自身需求选择部分组团进行参观（图 8-25）。

2. 环形

会场的主干道呈现首尾相扣的环形，该道路形式适用于地形限制较大的场地，形式也相对自由，优点是方便游客采用既定顺序观览整个园区，避免遗漏，不足之处在于对角线方向的交通不够便利，对于自主选择路线有一定困难。

如 2005 年爱知世博会的会场位于丘陵地带，展馆建筑散落布置于山间空地，设计者用一条 20 米宽的步行环道将各个建筑依次串联在主干路周边，形成了完整的环形道路（图 8-26）。

3. 直线式

直线式的结构也是一种常用的规划格局，所有的建筑与设施都沿线性布置，这种布局形式简单明了，经济实用，节约投资。不足之处是空间倾向于均质化，

图 8-27　2000 年汉诺威世博会总体规划　　图 8-28　2010 年上海世博会总体规划

缺少核心节点空间，绝大多数的交通都由主干道承担，会造成一定的交通压力。可以在适当位置将线性结构闭合形成环形结构，从而改善首末两端的流动性，减少回流人数，缓解堵塞程度，提高主干道的交通效率。

2000 年汉诺威世博会的会场是由东西两部分展区结合而成，东部的展区就用了直线式的布局，该形式很好地契合了狭长的场地形状，用简单直接的方式解决了场地交通（图 8-27）。

4. 综合式

规模较大的园区常采用上述几种道路结构的综合形式，在发挥各种结构优势的同时，又增添了空间形态的多样性与趣味性，创造出更加丰富的室外开放空间。

例如 2010 年上海世博会的园区，占地面积达到 5.28 平方公里，高峰日客流量达到八十万人次，相当于一个中小城市的总人口全部涌入世博园区，因此对人流进行科学高效的疏解、引导尤为重要。该园区最终采用了外环路与鱼骨状道路的结合形式，以东西走向的高架平台为主、南北走向道路为辅，呈网络状，并设置了纵横穿插的廊状线形遮阳体系分散人流（图 8-28）。

二、步行街道

世博会园区客流的特征是高强度、聚集性、大流量，而步行是参观者在园区中的主体行为，在展馆之间穿梭游客一般采取的是步行，同时在游历过程中可能会参与室外的展览、娱乐、文艺表演活动，所以步行体验直接影响着世博园区公共空间的品质。针对一般性的园区街道空间，设计者应通过道路，把场地中不同建筑、广场、水面、绿地系统组织成为整体的空间，追求其整体性、连续性以及节奏感。

　　世博园区内部的步行交通主要分为三种：一种是因为参观展馆的需要而产生的步行，目的较为直接；一种是背景交通，即没有进入展馆目的的游客随意在步行廊道漫步的行为；还有一种是因换

图 8-29　2015 年米兰世博会步行岛

乘、乘车而产生的公共交通辅助步行。三者共同组成了步行总量。针对第一种类型，步行体验的连续性与效率至关重要；而对于无目的的游客，步行街道与景观、娱乐设施的结合就显得十分关键；最后还要解决好公共车行交通与步行交通的分流，保证互不干扰。此外，空间尺度与室外空间的物理舒适度也是需要考量的因素。

　　步行的连续性与良好体验应该得到充分的保证，步行者在场地中应当有自主选择路径的自由，随意参观、畅游、停留或者交流，全面沉浸在园区营造的场景中而不被车行交通或其他因素所干扰。2015 年米兰世博会采取了一项创新性的策略，整个园区建立在由人工运河围合而成的岛屿之上，从而形成了一个相对独立于外界城市环境而又能够便捷沟通的"诺亚方舟"，岛上的展区基本实现步行化，保证了步行体验的舒适、连贯与自由（图 8-29）。

三、广场

　　广场空间作为世博园区的核心枢纽，能够帮助使用者组织方向、判断距离，是承载人们密集的交流活动与观赏感受的场所，承担着集散人群、表演、展示等多种复合的功能。通常世博园区内部的广场体系分为四个层级：

1. 出入口广场

　　出入口广场的主要功能应包括交通集散与信息集散，其设计侧重点在于人流的有效疏解与各类服务设施的合理配置，以便让观展人群通过这个广场枢纽迅速找到去往目的地的道路或者寻求服务帮助而不做过多停留；规划应充分考虑导向性铺装、环境色彩与图案构成、指示设施布置等，同时应集中设置信息咨询服务台、纪念品商店、网络通信终端餐饮店、厕所等。

图 8-30　2010 年上海世博会非洲广场、亚洲广场、大洋洲广场

2. 展馆间等候广场

展馆间的等候广场属于建筑之间的过渡空间，重点要避免空间的狭促、乏味，应设置小型的绿地或景观设施，同时设置遮阴避雨的设施以提高等候时的舒适度。

3. 园区级中心广场

中心广场具有重要的展示、交流功能，可通过设置主题构筑物、大型雕塑来传达展会的主题、彰显东道主的文化精神，中心广场（主题广场）的目标是成为园区最具活动吸引力和标志形象的场所，用于举行重大的庆典、仪式或者接待活动。

例如 2010 年上海世博会就布置了"非洲广场""亚洲广场""大洋洲广场"等文化主题空间来展现各大洲风格迥异的风土人情，许多精彩纷呈的文艺表演陆续在此上演，期间吸引了大量人群驻足观赏（图 8-30）；2015 年米兰世博会，则在两条主要街道汇聚的核心位置创造了大型主题空间，设计者在此布置了直径为 90 米的阿雷纳景观湖，水池中央有喷泉和生命之树，在展会期间向观众展示烟花、表演和音乐。

4. 通过型交通广场

通过型的广场主要解决人流快速通过的问题。需要利用铺装图案、色彩、材质等的变化明确表达方向性和区分性。

四、景观设施

景观设施是世博园区必不可少的重要部分，包括人工设施与自然设施，环

图 8-31　2010 年上海世博会绿地系统规划

图 8-32　2015 年米兰世博会中心广场设施　　图 8-33　2010 年上海世博会遮阳设施

境空间的特色在某种程度上比建筑场馆鲜明的个性更具亲和力，更能渗透至观览过程中的每个微小细节，让使用者的整体空间体验满意度大幅提升。无论是绿化、雕塑、标志物还是水体，各种环境要素往往给人更具体的联想或者记忆，同时使室外开放空间更具层次感，更加细腻（图 8-31）。

1. 人工设施

主要包括建筑小品、环境服务设施等内容，例如雕塑、遮阳设施、照明灯具、休息亭等，通常在室外开放空间中有画龙点睛的增色效果，通常设置在广场、道路边或者绿地中，与绿色植物结合在一起形成别致的景色（图 8-32、图 8-33）。

2. 自然设施

（1）植被

绿色种植是园区内至关重要的景观要素，利于调节室外空间的生态环境，丰富视线的层次，净化微环境的空气。近几届的世博会园区建设强调生态理念，设计者更加重视植物配置组合、植物与设施结合的形式及其多元化创新（图 8-34）。

（2）水面

包括大面积的水面、人工湖、线性的运河，多见于滨水的世博园，经常与

图 8-34　2010 年上海世博会绿地景观效果

图 8-35　2000 年汉诺威世博会园区水景

自然江河等共同组成水网结构，形成独具特色的景观。点状水池则分散在园区内，与广场、植被、道路结合，形成宜人优雅的微环境（图 8-35）。

五、配套设施

世博会所吸引的客流量通常是巨大的，因此在世博园区的公共空间中，要保证展会的顺利进行与功能的健康运转，配套服务设施是极其重要的一环，设计者既要保证这些设施在功能上满足使用者的切实需求，提供人性化的高质量配套服务，同时也要在布置空间、建设时间上安排有序，形成科学的体系，互相之间不造成干扰，尽量减少占用公共活动空间的面积。

首先配套设施的数量、布点位置应当通过严密精确的计算确定，计算的依据是人流的活动特征和交通模式，主要布局应该倾向在人流活动密集的广场和休憩娱乐区域进行布点，方便使用者就近获取便利；避免布置在重要的交通出入口附近，保证通道的通畅性，避免人流在设施周边过分聚集从而造成交通阻塞；设施应布置在明显的、易于被看到的位置，而不应设置在高大的构筑或建筑物后方从而形成遮挡。

其次配套系统应当秉持就近原则，例如医疗急救车位应当设置在医疗室的附近，以便对有需求的人员进行快速及时的医疗救治；餐饮设施在就近垃圾回收设施的位置建设，方便垃圾废物的迅速回收；商业购物设施与银行等相临近设置等。

　　最后设计建设配套设施还应当尽量做到关联系统的整体化布置，各种功能集成化设计，减少整体的空间体积，为公共活动空间留下更大余地。例如可将遮阳功能与座凳休息区域相结合，视频安全监控、信息广播系统可与杆灯结合处理。同时，不同功能的服务设施结合布置还可以优化使用的体验，例如相关研究表明，相对于在阳光直射条件下直接水汽喷雾，在遮阳设施下进行雾气喷洒有更好的降温效果，同时使用者的人体舒适度更高，因此在上海世博会期间，就出现了遮阳设施与喷雾装置结合的布置。

本章图片来源

图 8-1　付睿、姚鸣东：生态多样性城市——印度尼西亚馆 [J]，建筑学报，2010 年 6 期，第 56-59 页。

图 8-2　郑岢颖、王健：儿童梦想中的未来之城——俄罗斯馆 [J]，建筑学报，2010 年第 6 期，第 40-45 页。

图 8-3　黄颖，彭华 . 流动的空间——奥地利馆 [J]，建筑学报，2010 年 5 期，第 108-111 页。

图 8-4　汪启颖：从理性假设到感性回归——法国馆 [J]，建筑学报，2010 年 5 期，第 104-107 页。

图 8-5　朱荷蒂、陈帅飞、张通等：创新之光——瑞典馆 [J]，建筑学报，2010 年 5 期，第 80-85 页。

图 8-6，图 8-7　顾英 . 跨界演绎的创意设计——英国馆 [J]，建筑学报，2010 年 5 期，第 92-95 页。

图 8-8，图 8-14，图 8-24　Bjarke Ingels、郭家耀、李煦等：打造梦想城市——丹麦馆 [J]，建筑学报，2010 年 5 期，第 74-79 页。

图 8-9，图 8-13，图 8-18，图 8-29，图 8-32　唐艺文化：米兰世博空间 [M]，中国林业出版社，2016 年。

图 8-10，图 8-26　吴农等：建筑的睿智：2005 年日本爱知世界博览会建筑纪行，机械工业出版社，2007 年。

图 8-11，图 8-12　孙荣凯、罗韶坚、陈志亮：未来之城——意大利馆 [J]，建筑学报，2010 年 5 期，第 96-99 页。

图 8-15，图 8-33，图 8-34　章明、张姿：事件建筑——关于 2010 年上海世博会永久性建筑"一轴四馆"的思考与对话 [J]，建筑学报，2010 年 5 期，第 54-55 页

图 8-16　司徒娅、郭颖莹："篮子展馆"——西班牙馆 [J]，建筑学报，2010 年 5 期，第 86-91 页。

图 8-17　李瑶、陈渝：沙丘建筑生活——阿联酋馆 [J]，建筑学报，2010 年 5 期，第 66-69 页。

图 8-19，图 8-27，图 8-35　杜异、傅祎：汉诺威世界博览会设计 [M]，岭南美术出版社，2002 年。

图 8-20　王振军、张会明、董召英等：建筑秀场上的文化容器——沙特馆 [J]，建筑学报，2010 年 5 期，第 70-73 页。

图 8-21，图 8-22　王凌珉：展厅及展馆空间设计 [M]，中国建筑工业出版社，2014 年。

图 8-23　王晓京、王晓朦：立体木格子：2015 米兰世博会日本馆 [J]，建筑学报，2010 年 8 期，第 57-59 页。

图 8-25：2015 米兰世博会总体概念规划及鸟瞰
吴铁流：在理想与现实之间——2015 米兰世博会规划概念与实施 [J]，建筑学报，2010 年 8 期，第 6-10 页。

图 8-28，图 8-30　刘月琴、林选泉：中国 2010 年上海世博会场地公共空间设计策略 [J]，中国园林，2010 年第 5 期，第 30 页。

图 8-31，图 8-34　张浪、陈敏：打造"绿色世博、生态世博"——中国 2010 上海世博会园区绿地系统规划剖析 [J]，中国园林，2010 年第 5 期，第 1-5 页。

参考文献

一、专著

[1] 罗小未. 外国近现代建筑史 [M]. 北京: 中国建筑工业出版社，2004.

[2] 弗雷德·劳森. 会议与展示设施: 规划、设计和管理 [M]. 大连: 大连理工大学出版社，2003.

[3] 陈剑飞，梅洪元. 会展建筑 [M]. 北京: 中国建筑工业出版社，2008.

[4] 克莱门斯·库施，卞秉义. 会展建筑设计与建造手册 [M]. 武汉: 华中科技大学出版社，2014.

[5] 蔡军，张健. 历届世博会建筑设计研究: 1851 ~ 2005[M]. 北京: 中国建筑工业出版社，2009.

[6] 郑时龄，陈易. 世博与建筑 [M]. 东方出版中心，2009.

[7] （美）安德鲁·加恩，保拉·安东内利，伍多·库尔特曼，斯蒂芬·范·戴克. 通往明天之路（1933-2005 年历届世博会的建筑设计与风格）[M]. 龚华燕译. 北京: 中国友谊出版社，2010.

[8] 杜异，傅祎. 汉诺威世界博览会设计 [M]. 广州: 岭南美术出版社，2002.

[9] 上海世博会事务协调局，上海市城乡建设和交通委员会主编. 上海世博会建筑 [M]. 上海: 上海科学技术出版社，2010.

[10] 唐艺文化. 米兰世博空间 [M]. 北京: 中国林业出版社，2016.

[11] 克莱门斯·库施编. 会展建筑设计与建造手册 [M]. 卞禀义译. 武汉: 华中科技大学出版社，2016.

[12] 余卓群. 博览建筑设计手册 [M]. 北京: 中国建筑工业出版社，2001.

[13] 张晶，周初梅. 公共建筑设计系列——办公建筑 [M]. 南昌: 江西科学技术出版社，1998.

[14] Rikuyosha 公司. 会展空间 [M]. 福州: 福建科学技术出版社，2004.

[15] 晋洁芳，王启照. 展览场馆空间设计 [M]. 上海: 上海人民出版社，格致出版社，2011.

[16] 王凌珉.展厅及展馆空间设计 [M].北京：中国建筑工业出版社，2014.

[17] 傅昕.展示空间设计 [M].上海：上海人民美术出版社，2015.

二、期刊论文

[1] 张颖，田丰.亚历山大·罗德钦科与1925年巴黎世博会苏联馆家具设计 [J].艺术生活——福州大学厦门工艺美术学院学报，2016（01）：40-43.

[2] 马希米亚诺·福克萨斯.米兰新贸易会展中心 [J].世界建筑报，2014，29（05）：86-89.

[3] 马聪玲.国际典型城市促进会展业发展的经验 [J].中国经贸导刊，2014（26）：23-25.

[4] 吕亚妮.绿色建筑实例浅析——新加坡会展中心 MAX Atria[J].高等建筑教育，2014，23（03）：125-129.

[5] 孙艳，张璐.基于观众满意视角的展馆服务质量提升对策——以上海新国际博览中心为例 [J].企业经济，2013，32（08）：130-134.

[6] 福尔克温·玛格.中国的水晶宫——深圳会议展览中心 [J].中国建筑装饰装修，2013（06）：68-73.

[7] Jacob，Woods Bagot.墨尔本会展中心 [J].设计，2013（05）：48-49.

[8] 蒋伯宁，周叱.南宁国际会展中心 [J].新建筑，2006（05）：31-35.

[9] 爱德华·D·米尔斯，杨维钧，葛悦先.国家展览中心，英国 [J].世界建筑，1985（03）：34-37+84-85.

[10] 丁一巨.德国慕尼黑雷姆会展城 [J].建筑与文化，2004（10）：34-37.

[11] 上海新国际博览中心（SNIEC）[J].建筑与文化，2004（10）：42-44.

[12] 尼可劳斯·格茨.南宁国际会展中心与深圳会展中心 [J].时代建筑，2004（04）：96-101.

[13] 王昕，董华.上海新国际博览中心——一种清晰、简洁、高效的展览建筑模式 [J].时代建筑，2004（04）：102-107.

[14] 詹姆斯·弗里德.洛杉矶会展中心，洛杉矶，加利福尼亚州，美国 [J].世界建筑，2004（06）：48-49.

[15] 许懋彦，张音玄，王晓欧.德国大型会展中心选址模式及场馆规划 [J].城市规划，2003（09）：32-39+48.

[16] 谢浩，陈桂东.先进的设计理念，尖端的建筑技术——广州国际会展中心鉴赏 [J].

建筑装饰材料世界，2003（03）：34-36.

[17] Volkwin Marg，Marc Ziemons，罗岚.深圳会议展览中心 [J].世界建筑导报，2003（Z1）：96-101.

[18] 倪阳，邓孟仁.会展场馆精品 称雄亚洲杰作——记新落成的广州国际会展中心 [J].广东建筑装饰，2003（01）：20-23.

[19] 刘河.新南威尔士达灵港悉尼展览中心 [J].建筑创作，2001（04）：36-37.

[20] 王巧敏.上海新国际博览中心 [J].时代建筑，2001（01）：81-83.

[21] 侯兆欣，张海军，季小莲，陈禄如.新加坡 MEGA 会展中心大跨度钢结构施工技术 [J].施工技术，2000（08）：15-17.

[22] 日华.莱比锡新会展中心玻璃大厅，德国 [J].世界建筑，2000（04）：42-45.

[23] 王晓光.日本东京国际展览中心 [J].建筑知识，2000（02）：14-18+56.

[24] 季小莲，张海军，蔡然.新加坡国际会展中心主大厅设计 [J].钢结构，1999（04）：1-4.

[25] 纽约贾维茨展览和会议中心.美国 [J].世界建筑，1987（05）：34-37.

[26] Thomas Herzog.2000 年德国汉诺威世博会 26 号展厅.城市环境设计，2016（3）

[27] Thomas Herzog.2000 年德国汉诺威世博会大屋顶.城市环境设计，2016（3）

[28] 陈敏红，倪琪.先进理念与高超技术的完美结合 ——记德国 2000 年汉诺威世界博览会，中国园林，2004，20（12）：1-9

[29] 刘明骏.北京中国国际展览中心新馆 [J].建筑创作，2009（03）：18-49.

[30] 靳建华.大气纵横、细节精致——浅析苏州国际博览中心建筑设计 [J].江苏建筑，2008（04）：1-3.

[31] 郑时龄.从上海世博会到米兰世博会 [J].时代建筑，2015（04）：10-13.

[32] 王明，杨维菊.2010 年上海世博会绿色建筑典型案例分析——以法国馆和阿尔萨斯馆为例 [J].建筑节能，2011，39（11）：30-33.

[33] 刘怡，孙潮.浅析上海世博会西方发达国家馆绿色建筑理念 [J].现代城市研究，2011，26（06）：29-33.

[34] 梁梅.国家形象的视觉表现——专访上海世博会中国国家馆展示设计总监黄建成教授 [J].美术观察，2010（09）：5-8.

[35] 肇文兵.西班牙世博会之"双城记"——巴塞罗那与塞维利亚的城市嬗变 [J].装饰，2010（08）：72-77.

[36] 郑时龄.中国 2010 年上海世博会的规划与建筑 [J].建筑创作，2010（03）：

30-37.

[37] Guenter Kresser. 西班牙萨拉戈萨世博会奥地利馆 [J]. 建筑技术及设计，2009（03）: 76-83.

[38] 夏南凯，顾哲. 可持续发展观下的世博会建筑设计——中国 2010 年上海世博会园区建筑后续利用研究 [J]. 规划师，2006（07）: 75-77.

[39] 2010 年上海世博会中国馆建筑 [J]. 城市环境设计，2013（10）: 56-61.

[40] 张浪，陈敏. 打造"绿色世博、生态世博"——中国 2010 上海世博会园区绿地系统规划剖析 [J]. 中国园林，2010（5）: 1-5.

[41] 章明，张姿. 事件建筑——关于 2010 年上海世博会永久性建筑 " 一轴四馆 " 的思考与对话 [J]. 建筑学报，2010（5）: 36-65

[42] 李瑶，陈渝. 沙丘建筑生活——阿联酋馆 [J]. 建筑学报，2010（5）: 66-69.

[43] 王振军，张会明，董召英等. 建筑秀场上的文化容器——沙特馆 [J]. 建筑学报，2010（5）: 70-73.

[44] Bjarke Ingels, 郭家耀，李煦等. 打造梦想城市——丹麦馆 [J]. 建筑学报，2010（5）: 74-79.

[45] 朱荷蒂，陈帅飞，张通等. 创新之光——瑞典馆 [J]. 建筑学报，2010（5）: 80-85.

[46] 司徒娅，郭颖莹. "篮子展馆"——西班牙馆 [J]. 建筑学报，2010（5）: 86-91.

[47] 顾英. 跨界演绎的创意设计——英国馆 [J]. 建筑学报，2010（5）: 92-95.

[48] 孙荣凯，罗韶坚，陈志亮. 未来之城——意大利馆 [J]. 建筑学报，2010（5）: 96-99.

[49] 杨慧南，林文蓉. 和谐的都市，创意的空间——德国馆 [J]. 建筑学报，2010（5）: 100-103.

[50] 汪启颖. 从理性假设到感性回归——法国馆 [J]. 建筑学报，2010（5）: 104-107.

[51] 黄颖，彭华. 流动的空间——奥地利馆 [J]. 建筑学报，2010（5）: 108-111.

[52] 陈剑秋，孙倩. 生生不息的城市生活——加拿大馆 [J]. 建筑学报，2010（5）: 112-115.

[53] 王兴田，许志钦. 和谐城市，多彩生活——韩国馆 [J]. 建筑学报，2010（6）: 46-51.

[54] 陆轶辰. 世博会，一个小世界——2015 米兰世界博览会综述 [J]. 建筑学报，2015（08）: 1-5.

[55] 吴铁流 . 在理想与现实之间——2015 米兰世博会规划概念与实施 [J]. 建筑学报，2015（08）: 6-10.

[56] 赫尔佐格与德梅隆 / Herzog & de Meuron ，张俗翔译，2009 年 2015 米兰世博会概念性总体规划 [J]. 世界建筑，2015（12）: 28-29.

[57] 陆轶辰 .2015 米兰世博会中国馆 [J]. 建筑学报，2015（08）: 16-22.

[58] 刘亦师 . 社区中的个体：2015 米兰世博会意大利馆 [J]. 建筑学报，2015（08）: 28-34.

[59] 李丹 . 一座景观建筑：2015 米兰世博会法国馆 [J]. 建筑报，2015（08）: 35-39.

[60] 张希晨 . 绿肺：2015 米兰世博会奥地利馆 [J]. 建筑学报，2015（08）: 46-51.

[61] 王晓京，王晓朦 . 立体木格子：2015 米兰世博会日本馆 [J]. 建筑学报，2015（08）: 57-59.

[62] 晁阳 . "滋养地球，生命的能源"——2015 米兰世博会 [J]. 建筑与文化，2015（07）: 69-87+68.

[63] 张通，许艺，李伟，饮食文化具象形态的交互式展示设计研究——以米兰世博会日本馆为例 [J]. 大众文艺，2018（1）.

三、学位论文

[1] 杨毅 . 特大型会展建筑分析研究 [D]. 华南理工大学，2012.

[2] 赵亮星 . 香港会展建筑发展研究 [D]. 华南理工大学，2011.

[3] 周振宇 . 当代会展建筑发展趋势暨我国会展建筑发展探索 [D]. 同济大学，2008.

[4] 余奕 . 会展建筑内外环境艺术设计理论与实践研究 [D]. 武汉：华中科技大学，2008.

[5] 阎俊 . 会展建筑的展览空间设计研究 [D]. 天津：天津大学，2016.

[6] 毛慧 . 会展建筑外环境设计初探 [D]. 武汉：华中农业大学，2013.

[7] 周绮芸 . 会展建筑设计研究初探 [D]. 天津：天津大学，2008.

[8] 沙重龙 . 基于环境行为学对会展建筑文化传达功能的研究 [D]. 西安：西安建筑科技大学，2008.

[9] 张波 . 博览会展馆建筑外部形态设计研究 . 山东轻工业学院，2011.5.

[10] 初兴 . 当代世博会建筑创作理念研究 . 哈尔滨工业大学，2008 年 .

[11] 傅娆 . 当代世博会园区公共空间设计策略研究 . 东南大学，2016.

[12] 李洁 . 多维视野下的世博会建筑表达 [D]. 同济大学，2008.

[13] 胡以萍 . 论世博会展示设计的多维表达 [D]. 武汉理工大学，2012.

[14] 单宁 . 世界博览会的展馆与展示设计研究——2015 年米兰世傅会中国馆概念设
计 [D]. 西南交通大学，2013.